图 1　塑料小拱棚生产

图 2　大棚（屋脊形）

图 3　连栋大棚（拱园型）

图 4　四季大棚

图 5　节能型日光温室全景图

图 6　厚土墙下凹式节能日光温室

图 7　移动后墙日光温室

图 8　地面凹陷日光温室

图 9　温室排水沟

图 10　移动后墙温室

图 11　寿光无立柱冬暖式日光温室

图 12　寿光有立柱冬暖式日光温室

图 13　防虫网全封闭生产

图 14　能源互补型日光温室

图 15　玻璃智能温室

图 16　大棚四覆盖栽培

图 17　沟畦覆盖

图 18　高垄覆盖

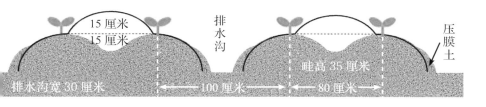

图 19　"两垄三膜"全膜覆盖断面示意图

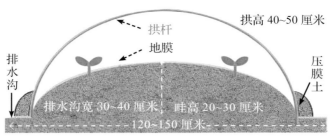

排水沟

拱杆

地膜

拱高 40~50 厘米

压膜土

排水沟宽 30~40 厘米　畦高 20~30 厘米

120~150 厘米

图 20　地膜双覆盖

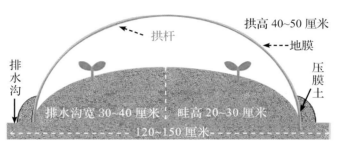

排水沟

拱杆

拱高 40~50 厘米

地膜

压膜土

排水沟宽 30~40 厘米　畦高 20~30 厘米

120~150 厘米

图 21　拱架地膜覆盖

图 22　遮阳网外覆盖

图 23　遮阳网近地面覆盖

图 24　防虫网覆盖栽培

二、育苗

图 1　孔穴盘

图 2　穴盘装基质

图 3　压穴

图 4　穴盘播种

图 5　播种后覆土

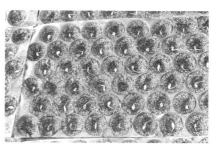

图 6　催芽种子摆放

图 7 播后覆盖基质

图 8 播种后浇水

图 9 喷水

图 10 播种后覆膜

图 11 地膜覆盖保温保湿

图 12 地床穴盘育苗

图 13 基质块播种（育苗）

图 14 基质块育苗（播种）

图 15　基质块播种后覆土

图 16　贴接（砧木新叶显露）

图 17　营养块育苗

图 18　瓜类劈接—固定

图 19　嫁接

图 20　贴接

图 21　接穗处理

图 22　营养基质块育苗

图 23　嫁接苗

图 24　穴盘育苗

图 25　日光温室工厂化育苗

图 26　穴盘育苗

图 27　嫁接育苗

图 28　覆盖基质后浇水

图 1　根霉腐烂病

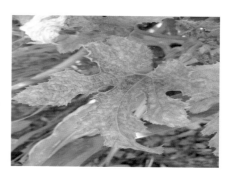

图 2　病毒病病叶

图 3　病毒病病株

图 4　西葫芦白粉病 1

图 5　西葫芦白粉病 2

图 6　西葫芦白粉病 3

图 7　西葫芦化瓜

图 8　西葫芦软腐病瓜

图 9　西葫芦叶斑病

图 10　细菌性叶斑病

图 11　灰霉病病果

图 12　灰霉病病叶

图 13　枯萎病

图 14　蔓枯病

图 15　褐斑病

图 16　褐腐病

图1 早青一代

图2 翡翠西葫芦

图3 冬胜

图4 青玉西葫芦

图5 香蕉西葫芦

图6 地膜覆盖栽培

图 7　珍玉黄金西葫芦

图 8　小拱棚高畦栽培

图 9　大棚覆盖栽培

图 10　日光温室地膜覆盖—吊栽

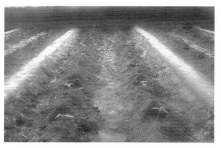

图 11　稳水苗定植

图 12　花叶西葫芦

图 13　开花

图 14　日光温室整地作畦

图 15　日光温室栽培

图 16　日光温室栽培—大茬栽培

图 17　温室生长幼苗

图 18　黄板诱杀

图 19　定植后的幼苗

图 20　西葫芦生长盛期

图 21　缺锰

图 22　缺硼

·科学种菜致富问答丛书·

西葫芦高产栽培关键技术问答

XIHULU
GAOCHAN ZAIPEI
GUANJIAN JISHU WENDA

刘海河　张彦萍　主编

化学工业出版社
·北京·

图书在版编目（CIP）数据

西葫芦高产栽培关键技术问答/刘海河，张彦萍主
编．—北京：化学工业出版社，2020.2
（科学种菜致富问答丛书）
ISBN 978-7-122-35590-4

Ⅰ.①西… Ⅱ.①刘…②张… Ⅲ.①西葫芦-高产
栽培-栽培技术-问题解答 Ⅳ.①S642-44

中国版本图书馆 CIP 数据核字（2019）第 250736 号

责任编辑：邵桂林　　　　　　　　文字编辑：焦欣渝
责任校对：李雨晴　　　　　　　　装帧设计：韩　飞

出版发行：化学工业出版社
　　　　　（北京市东城区青年湖南街 13 号　邮政编码 100011）
印　　刷：北京京华铭诚工贸有限公司
装　　订：三河市振勇印装有限公司
850mm×1168mm　1/32　印张 7¼　字数 137 千字
2020 年 5 月北京第 1 版第 1 次印刷

购书咨询：010-64518888　　　　售后服务：010-64518899
网　　址：http://www.cip.com.cn
凡购买本书，如有缺损质量问题，本社销售中心负责调换。

定　　价：39.80 元　　　　　　　　版权所有　违者必究

前　言

　　蔬菜是人们日常生活中不可缺少的佐餐食品，是人体重要的营养来源。蔬菜产业是种植业中最具竞争优势的主导产业，已成为种植业的第二大产业，仅次于粮食产业。有些省份如山东省，蔬菜产业占种植业的第一位，是农民脱贫致富的重要支柱产业，在保障市场供应、增加农民收入等方面发挥了重要作用。

　　近年来，中国蔬菜产业迅速发展的同时，仍存在价格波动较大、生产技术落后及产品附加值偏低等造成菜农收益不稳定等问题。蔬菜绿色高效生产新品种、新技术、新材料、新模式并不断加大科技创新及技术集成，使主要蔬菜的科技含量不断提高。我们在总结多年来一线工作的经验以及当地和全国其他地区主要蔬菜在栽培管理、栽培模式、病虫害防治等方面新技术的基础上，编写了"科学种菜致富问答丛书"。

　　本书是"科学种菜致富问答丛书"中的一个分册。我们在书中比较详细地介绍了西葫芦安全生产设施、西葫芦栽培的基本特征和要求、西葫芦类型与优良品种、西葫芦育苗技术、西葫芦生育季节与栽培茬次安排、西葫芦安全优质高效栽培技术、西葫芦生长发育障碍及其对策、西葫芦主要病虫害诊断及防治、西葫芦安全生产的农药限制、西葫芦杂交制种技术。我们希望通过本书能为进一步提高西葫芦安全优质高效栽培技术水平、普及推广西葫芦生产新技术、帮助广大专业户和专业技术人员解决一些生产上的实际问题做出贡献。

本书由河北农业大学、河北省蔬菜产业体系（HBCT-2018030202）和生产一线多位教授、专家编写而成。在编写过程中参阅和借鉴了有关书刊中的资料文献，在此向原作者表示诚挚的谢意。

本书注重理论和实践相结合，具有较高的实用性和可操作性。同时书中附有彩图，可帮助读者比较直观地理解书中的内容。

由于编者水平所限，书中难免出现不当之处，谨请广大读者不吝批评指正。

编著者

2020 年 3 月

目录

第一章 西葫芦安全生产设施

第二章　西葫芦栽培的基本特征和要求

第三章　西葫芦类型与优良品种

第四章　西葫芦育苗技术

第五章 西葫芦生育季节与栽培茬次安排

第六章 西葫芦安全优质高效栽培技术

第七章　西葫芦生长发育障碍及其对策

第八章　西葫芦主要病虫害诊断及防治

第九章　西葫芦安全生产的农药限制

第十章　西葫芦杂交制种技术

附录

参考文献

西葫芦安全生产设施

1. 西葫芦安全生产的设施有哪些？

目前，西葫芦安全生产的设施主要有地膜覆盖、中小塑料拱棚、塑料大棚、日光温室、遮阳网覆盖等类型，这些生产设施是根据生产的需要及生产条件由小到大、由简单到复杂、由低级到高级逐渐发展起来的。设施的相互结合如塑料拱棚、日光温室与地膜覆盖相结合，不但为西葫芦安全生产提供了保障，而且降低了冬春季节西葫芦的生产成本，提高了西葫芦设施栽培的经济效益。

2. 地膜覆盖栽培具有哪些作用？

地膜覆盖栽培是用厚度为 0.015～0.02 毫米的塑料薄膜（或 0.006～0.008 毫米的超薄地膜）覆盖地面的一种

简易保护栽培形式。

地膜多为 0.015～0.02 毫米厚的聚乙烯透明膜，北方可用幅宽 60～70 厘米的，南方可用 70～100 厘米的。近年来开始采用 0.007 毫米厚的超薄强力地膜，以降低成本。低温季节生产应用无色透明膜，其透光性好，透光率可达 80%～93.8%，增温 2～4℃。春夏季还可采用反光性较强的银灰色膜，以驱避蚜虫，减轻病毒病危害；也可使用黑色膜，能有效抑制杂草生长，省工省力。地膜的用量可按 55% 田间覆盖率来计算。厚度为 0.015 毫米、幅宽 60～70 厘米的地膜每亩（1 亩＝667 平方米）大约需要 4 千克。

覆盖地膜能提高地温，减少土壤水分蒸发，保墒防涝，保持土壤疏松透气，为土壤微生物活动和有机物分解创造适宜的环境，可有效促进西葫芦植株的生长发育，达到早熟、优质、丰产的目的。

3. 地表地膜覆盖主要有哪些方式？各有什么特点？

（1）高畦地膜覆盖 是地膜覆盖最基本的方式。整地时要求精细，将畦做成龟背形，畦的高度和宽度应根据当地的气候、地下水位、地膜的宽度及栽培蔬菜的种类而定。一般北方地区以 10～15 厘米高为宜；南方高温多雨地区，为防涝排水方便，畦高可达 15～25 厘米，畦背宽60～80 厘米，畦沟宽 30～40 厘米，覆盖 80～100 厘米宽的地膜。高畦地膜覆盖的增温保墒效果好，早熟增产效果显著（图 1-1）。

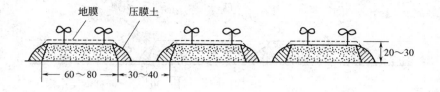

图 1-1 高畦地膜覆盖栽培断面示意图（单位：厘米）

（2）高垄地膜覆盖 高垄地膜覆盖的畦面较高畦地膜覆盖窄，高度基本一致，一般畦背宽 35～45 厘米，垄高 10～15 厘米，垄距 60～70 厘米，覆盖 60～95 厘米宽的地膜（图 1-2）。

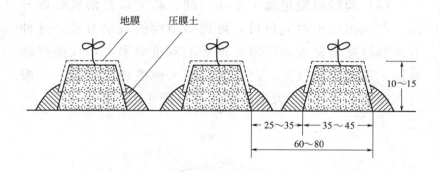

图 1-2 高垄地膜覆盖栽培断面示意图（单位：厘米）

高垄地膜覆盖不仅增温、保墒效果好，而且便于灌溉，但是较费膜、费工。

（3）平畦地膜覆盖 是将地膜直接覆盖于平畦畦面的覆盖方式（图 1-3）。一般平畦宽 60～150 厘米，畦埂底宽 20～30 厘米，畦埂高出畦面 8～10 厘米。

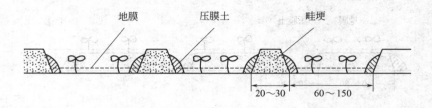

图 1-3　平畦地膜覆盖栽培断面示意图（单位：厘米）

平畦地膜覆盖可直接在畦面上浇水，但浇水后容易造成膜面污染，降低透光率，增温效果不如高畦地膜覆盖。该覆盖方式适用于西葫芦育苗时播种后短期覆盖，出苗后应及时揭去地膜。

（4）沟畦地膜覆盖　是在高畦、高垄以及阳坡畦面开沟，在沟内定植西葫芦后，再覆盖地膜的栽培方式。这种方式具有贴地覆盖和近地面覆盖的双重效果，不仅能提高地温，还能提高气温，可在晚霜前大幅度提早定植。一般可在终霜前 10～15 天定植西葫芦（图 1-4，图 1-5）。

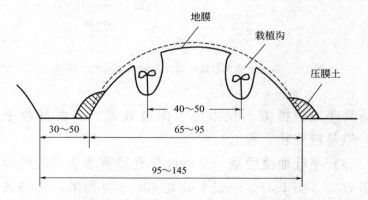

图 1-4　高畦沟植地膜覆盖栽培断面示意图（单位：厘米）

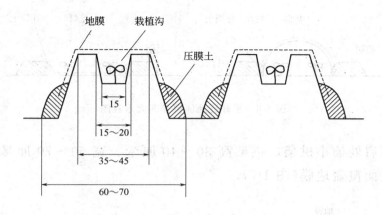

图 1-5　高垄沟植地膜覆盖栽培断面示意图（单位：厘米）

4. 近地面地膜覆盖主要有哪些方式？各有什么特点？

近地面地膜覆盖是较先进的地膜覆盖栽培方式，不仅可提高地温，而且可提高气温，更有利于西葫芦提早播种和定植，促进作物早熟丰产。近地面地膜覆盖主要有以下几种方式：

（1）平畦近地面覆盖　一般栽培畦宽 90～100 厘米，取土畦宽 40 厘米，畦埂高 15～20 厘米，畦埂应踏实，在栽培畦内播种或定植后，在畦埂上每隔 30～40 厘米插一根用细竹片、荆条或细树枝等做成的小拱架，在拱架上覆盖地膜（图 1-6）。该覆盖方式在河北省中部及南部已广泛应用于西葫芦早熟栽培。

（2）高畦（高垄）近地面覆盖　将栽培畦做成高畦或高垄，在高畦或高垄上定植西葫芦，然后在高畦或高垄的

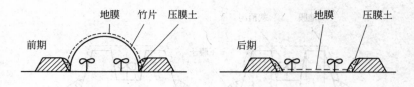

图 1-6　平畦近地面覆盖断面示意图

两肩处插小拱架，拱架高 30～40 厘米、宽 60～70 厘米，上面覆盖地膜（图 1-7）。

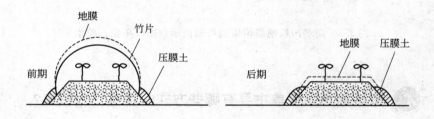

图 1-7　高畦近地面覆盖断面示意图

　　该方式可使西葫芦幼苗在终霜前 10～15 天定植，终霜后当外界气温适宜西葫芦生长时，拆除小拱架，把地膜覆盖在栽培畦面，然后在每株苗顶上将地膜开孔，并将苗引至膜外，最后将地膜用土固定，使地膜继续起到增温、保墒的作用。有时将高畦地膜覆盖与近地面覆盖共同配套使用，则称为高畦地膜双覆盖，增温保温效果更好。

　　（3）沟畦近地面覆盖　将栽培畦做成槽形沟畦、阳坡沟畦等形式，将种子或幼苗播种或定植到沟内以后，用细竹片、荆条、树枝条等作拱架，然后覆盖地膜（图 1-8）。

　　该方式除具有提高地温和气温的性能外，还可以利用

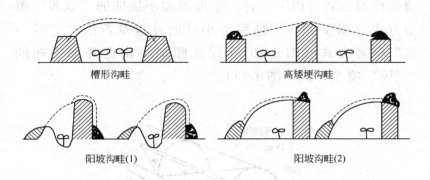

图 1-8　沟畦近地面覆盖各种形式

较高的垄背土抵挡寒冷的北风，因而更适于西葫芦提早定植。河北省中、南部地区，西葫芦可在终霜前 1 个月左右定植，相当于大棚西葫芦栽培的定植期。

5. 小拱棚主要有哪些覆盖方式？

小拱棚拱架取材范围广，可以就地取材，选用竹竿、竹片或树木枝条等。架材长度一般在 1.3～3 米，扣棚用的薄膜一般选用厚度为 0.06～0.1 毫米的聚乙烯农用薄膜，宽度为 1.5～4 米。小拱棚一般高度 50～150 厘米，跨度 50～300 厘米，长度 15～30 米，不宜过长，过长则抗风性差，通风不良。棚间距 80～150 厘米。如加盖草苫或无纺布等保温材料，棚间距要稍大，以留出空间放保温材料。

小拱棚是在地膜覆盖基础上发展起来的一种早熟栽培形式，各地覆盖形式多样，根据覆盖方法不同，小拱棚的覆盖保温方式有以下三种：①地膜加小拱棚的"双膜"覆盖方式（图1-9）；②地膜加小拱棚外盖草苫的"二膜一苫"覆盖方式（图1-10）；③地膜加小拱棚外加中棚的"三膜"覆盖方式（图1-11）。

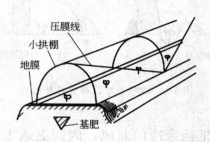

图 1-9 "双膜"覆盖

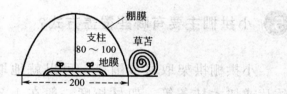

图 1-10 "二膜一苫"覆盖（单位：厘米）

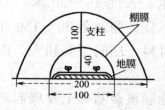

图 1-11 "三膜"覆盖（单位：厘米）

小拱棚一般采用南北走向，建棚前先要整地施肥，做好定植畦。顺定植畦扣棚，先在定植畦两侧按50～80厘米的间距插好竹片等架材，弯成半圆拱形。跨度大的中间要设立柱，立柱上拉一道铁丝。要求架材高度一致，弯成的圆拱都要在同一拱面上，为了拱棚坚固牢靠，可以用细铁丝在棚顶将各骨架联结起来，两端固定在棚外木桩上。然后覆盖薄膜，薄膜要压紧压实，薄膜越紧越抗风。在薄膜上每隔2～3个骨架插一道压膜拱条，或用塑料绳在棚膜上呈"之"字形勒紧，两侧固定在木桩上，防止薄膜被风吹起而损坏。

6. 小拱棚覆盖栽培具有哪些优点？

（1）提早定植、提早收获　拱棚内有一定的缓冲空间，棚内气温、地温比地膜覆盖或露地高而且稳定。西葫芦定植时间可以比地膜覆盖提早7～10天，比露地提早15～20天，相应收获期也提前。

（2）有一定防霜冻能力　早春由于气温变化剧烈，昼夜温差较大。小拱棚内的西葫芦，整个苗期都生长在温和的环境下，在轻霜冻（−2～0℃）情况下，可以避免或减轻危害。

（3）植株生长势强，抗病抗逆性好　由于生长前期西葫芦在一个基本相对稳定的环境条件下生长，其长势较旺，发育健壮，还可以减少各种病虫危害。

7. 中棚覆盖主要有哪些结构类型？

（1）竹木结构中棚　棚架由竹片、竹竿、木棍等构成，一般跨度 3～6 米，中高 1.5～1.8 米，拱杆间距 0.6～1.0 米，拱杆多用竹片或竹竿做成。为增强其支撑性能，可每 1～3 个拱杆下设 1～2 根立柱，每排立柱距顶端 20 厘米处用较粗的木棍或竹竿纵向连接成横拉杆，以增强棚架的稳固性。架上覆盖塑料薄膜，用压膜线将薄膜固定。根据立柱的排数分为单排立柱中棚（图 1-12）和双排立柱中棚（图 1-13）。

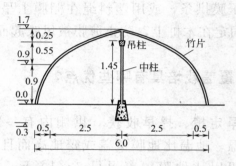

图 1-12　单排立柱中棚（单位：米）

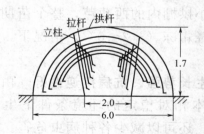

图 1-13　双排立柱中棚（单位：米）

（2）钢架结构中棚　中棚的拱杆为直径 16 毫米左右的钢筋或直径 1.5～2.0 厘米的钢管，通常将其弯成拱圆形，两端插入土中。为防止拱杆下沉，可在土中埋入石块或砖块作垫石，也可在地面横向焊上一段 20 厘米长的拉筋。拱杆的顶端用拉杆纵向连接，以增强其稳固性。钢架结构中棚一般不设立柱，当钢材细小时，也可设立柱。根据立柱的有无可分为无柱钢架中棚和有柱钢架中棚。

8. **中棚覆盖在温度性能上具有什么特点？**

中棚空间比大棚小，升温快，降温也快，热容量少，提前延后生产效果不如大棚。但中棚可增加外覆盖保温，如果配合风障，夜间覆盖草苫，其保温效果优于大棚。其他方面的性能与大棚无明显差异，可参考大棚有关部分。

9. **塑料大棚主要有哪些结构类型？其各自有什么特点？**

塑料大棚按建筑材料分类，主要有竹木结构、混合结构、钢架结构等类型，这几种类型各有其特点。

（1）竹木结构　是大棚初期的一种类型，目前在我国北方仍广为应用。一般大棚跨度为 8～12 米，长度 40～60 米，中脊高 2.4～2.6 米，两侧肩高 1.1～1.3 米。有 4～6 排立柱，横向柱间距 2～3 米，柱顶用竹竿连成拱架；纵向间距为 1～1.2 米。其优点是取材方便，造价较低，且容易建造；缺点是棚内立柱多，遮光严重，作业不方便，不便于在大棚内挂天幕保温，立柱基部易朽，抗风雪能力较差，使用寿命 5 年左右。为减少棚内立柱，建造了悬梁吊柱式竹木结构大棚，即在拉杆上设置小吊柱，用小吊柱代替部分立柱。小吊柱用20厘米长、4厘米粗的木杆，两端钻孔，穿过细铁丝，下端拧在拉杆上，上端支撑拱杆（图1-14，图1-15）。

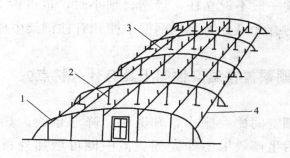

图1-14 竹木结构大棚示意图（一）

1—拱杆；2—立柱；3—拉杆；4—吊柱

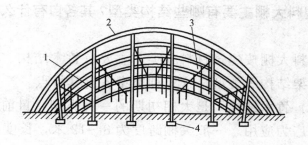

图1-15 竹木结构大棚示意图（二）

1—立柱；2—拱杆；3—拉杆；4—立柱横木

（2）混合结构 棚型与竹木结构大棚相同，使用的材料有竹木、钢材、水泥构件等多种。一般拱杆和拉杆多采用竹木材料，而立柱采用水泥柱。混合结构的大棚较竹木结构大棚坚固、耐久、抗风雪能力强，在生产上应用得也较多。

（3）钢架结构　一般跨度为 10～15 米，高 2.5～3.0
米，长 30～60 米。拱架是用钢筋、钢管或两者结合焊接
而成的弦形平面桁架。平面桁架上弦用 16 毫米钢筋或 25
毫米钢管制成，下弦用 12 毫米钢筋制成，腹杆用 6～9 毫
米钢筋制成，两弦间距 25 厘米。制作时先按设计在平台
上做成模具，然后在平台上将上、下弦按模具弯成所需的
拱形，再焊接中间的腹杆。拱架上覆盖塑料薄膜，拉紧后
用压膜线固定。这种大棚造价较高，但无立柱或少立柱，
室内宽敞，透光好，作业方便，棚型坚固耐牢，使用年限
长。现在已在生产上广泛推广应用（图 1-16）。

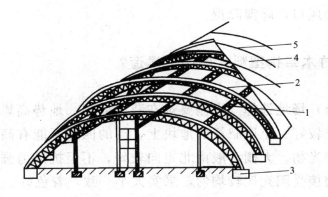

图 1-16　钢架结构大棚示意图
1—纵梁；2—钢筋桁架拱梁；3—水泥基座；4—塑料薄膜；5—压膜线

10. **大跨度竹木连栋大棚的结构有何特点？**

大棚跨度 30～35 米、脊高 2.6～3 米、肩高 2 米，整

体骨架为竹木材质，骨架间距 3 米，配有两层拉杆，立柱较多，立柱间距 1.3～2 米，每亩建造成本较低。每年 7、8 月和 12 月、次年 1 月雨雪较多时期处于休棚期，蔬菜生产一般不会受到较大影响，得到菜农的普遍认可。

此类大棚的优点：一是蓄热保温性能好，早春季节通过多层幕覆盖可比普通大棚提前一个月上市；二是建造成本低，平均亩建造成本在 8000～10000 元，比较效益高；三是土地利用率高。此种连栋大棚结构构件遮光率小，土地利用率达 90% 以上。

有条件的地区可将竹木骨架改换为钢筋或钢筋竹木结构，减少棚内立柱，便于田间操作，提升抗灾能力。合理多设通风口，降温降湿。

⑪ 竹木结构塑料大棚如何建造?

(1) 场地选择 大棚要选在背风向阳、地势高燥、通风见光较好、土质肥沃的地块上，棚的四周不能有高大的遮阴挡光物。大棚一般南北走向较好，不但抗风力强，而且作物接受阳光比较均匀，果实大小一致，着色好。

(2) 材料准备 建造一个标准棚（即跨度 12 米、长55 米、高 2.8～3 米，栽培面积为 1 亩），需要 7 米竹竿100 根或 5 米竹竿 150 根，3 米竹片 100 片，3～3.5 米竹竿 300 根，5.4 米拉杆 600 根，8 号铁丝 85 千克（其中 75千克作压膜线，10 千克作地锚线），14 号绑丝 10 千克，地锚砖 200 块，沥青 20～30 千克，棚膜 75～100 千克。

全棚由 48 个骨架组成，两骨架间隔 1.2 米。每个骨架由 7 根立柱、2 根拱杆、2 片竹片组成，立柱高度分别为 3 米、2.8 米、2.1 米、1.4 米（都含地下部分 30 厘米），立柱间距离分别为 1.9 米、1.9 米、1.3 米、0.9 米。如图 1-15 所示（骨架也可用 6～8 根立柱组成）。

（3）建造

① 备料　将竹竿按规定尺寸截好。截料时要将竹竿的顶端锯成三角形豁口，以便固定拱杆，豁口的深度以能卡住竹竿为宜。在锯口下 5 厘米处垂直锯口钻眼，以备穿铁丝绑拱杆。立柱下端呈十字形钉两个横木，以克服风的拔力，并将入土部分沾上沥青，以防腐蚀。

② 挖坑埋立柱　施工时先规划好大棚的坐落方位。按规定好的尺寸钉好桩标，然后挖坑，坑深要在 30 厘米以上。先将最南端和最北端的两个骨架建好，然后南北拉细绳，以此为基准，埋好其他立柱。做到南北行立柱高度一致，东西行立柱在同一平面上。

③ 上拱杆　埋好立柱后，将拱杆放在立柱豁口内，拱杆对接好后，绑在立柱上。拱杆的两端要绑在最外边的斜柱上，然后沿大棚两侧边线，将竹片插入土中 30 厘米，弯成一致的弧形覆在竹竿上。在竹竿与竹竿、竹竿与竹片接茬处都要用草绳或布条缠好，防止划破棚膜。

④ 绑拉杆　拉杆的主要作用是将各自独立的每个骨架连接在一起，使之成一个固定的整体。拉杆要距立柱的顶端至少 20 厘米，高度以不妨碍农事操作为宜。拉杆与每根立柱用绑丝绑紧，拉杆也可以用 8 号铁丝或 12 号钢丝代替。

⑤ 扣膜　选晴天无风的时间，将棚膜上好，两端拉

紧后埋入土中至少 40 厘米。扣膜的关键是要抻紧拉平不留褶皱，两侧放风用的围子 1.5 米宽，上沿与大膜重叠 20～30 厘米，下端埋入土中 30～40 厘米。

⑥ 上压膜线　压膜线一般用 8 号铁丝。地锚用砖或石块绑上 8 号铁丝埋于地下至少 40 厘米，不能过浅，否则遇大风天气易将地锚从土中拔出。地锚埋的位置与棚外沿相平即可。每两个骨架间设地锚两个，拴一根压膜线。先将压膜线一端与其中一个地锚固定，然后压在棚膜上，拉紧压膜线，另一端拴在另一个地锚上，过几天之后选一晴天再将压膜线重新拉紧一次。

⑦ 装门　为进出大棚方便，又不损伤棚膜，要在大棚的一端装门。一般早春季节多刮北风，因此，门最好安在大棚的南面。门宽 80～90 厘米、高 1.8～2 米，用竹竿或木杆做成框架，钉上薄膜即可。

12. 双向卷帘大棚的结构特点有哪些?

双向卷帘大棚建造方位一般南北延长，跨度一般在

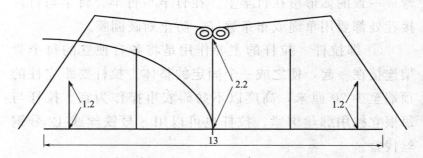

图 1-17　双向卷帘大棚示意图（单位：米）

13～15 米，脊高 2.2～2.5 米，肩高 1.2～1.5 米，亩造价 13000～20000 元。整体骨架为竹木材质，骨架间距 1 米左右，设有 4～6 排立柱（图 1-17）。

此类大棚的优点：一是造价较低，能较快收回成本；二是比普通大棚春提早定植、秋延后生产各 30 天，效益较高；三是使用卷帘机省时省工。

13. 新型塑料大棚主要有哪些类型？

在华北地区，近年来推广的新型塑料大棚主要有盖苫钢结构塑料大棚、内膜可收卷双膜大棚、不对称双拱盖苫塑料大棚等，适用于喜温蔬菜春、秋季节生产和喜冷凉蔬菜越冬生产。

14. 盖苫钢结构塑料大棚有哪些类型？

盖苫钢结构塑料大棚包括东西走向盖苫钢结构塑料大棚和南北走向盖苫钢结构塑料大棚两种类型，可进行春提前、秋延后喜温果菜和越冬根叶类蔬菜生产，比普通大棚春提早定植、秋延后生产各 30 天。

东西走向盖苫钢结构塑料大棚形似日光温室，没有固定的后墙和山墙，冬春寒冷季节覆盖保温被或草苫等材料进行保温，配置卷帘机在南侧进行单向机械卷帘。采用热镀锌钢骨架和立柱（图 1-18）。

南北走向盖苫钢结构塑料大棚是在普通南北走向塑料大棚基础上覆盖草苫或保温被，在大棚东、西两侧配置卷帘机

图 1-18　东西走向盖苫钢结构塑料大棚

进行双向卷帘的一种大棚，采用热镀锌钢骨架（图 1-19）。

图 1-19　南北走向盖苫钢结构塑料大棚

15. 内膜可收卷双膜大棚的结构有何特点？

　　该大棚是在普通塑料大棚内加设一套拱架用于覆盖一层薄膜，成为双膜大棚，并通过卷膜器实现内层膜卷放。采用"1年2茬果菜＋越冬叶菜"或"甜瓜-番茄-黄瓜-叶菜"一年四茬种植。在早春季节可增加棚温3～5℃，可达到提前 10 天定植、提前 15 天上市的效果（图 1-20）。

图 1-20 内膜可收卷双膜大棚

16. 不对称双拱盖苫塑料大棚的结构有何特点？

大棚东西走向，长度 130 米，跨度 15 米，以立柱距为界，南北分别为 11 米和 4 米，脊高 3 米，棚内总面积约 2.5 亩，有 3 套卷帘设备，棚顶设小立窗便于通风，利用阴面棚春夏季遮阴的特点可以蹲苗，还可以从阴面 2.5 米高直接接钢架建成跨度 4 米的阴棚，用来种植食用菌（图 1-21）。

17. 塑料大棚生产温度性能有何变化？

由于薄膜上没有覆盖保温材料，棚内气温直接受外界温度变化的影响，且变化剧烈。在不同季节有明显的温度差异。棚内温度日变化也比外界气温剧烈，在 3 月份当外界气温尚低时，棚内气温可达 15～38℃，比外界高 2.5～15℃，棚内最低气温比外界高 2～3℃。4 月份棚内外温差

图 1-21　不对称双拱盖苦塑料大棚

可达 6～20℃。5～6 月份，棚内外温差可达 20℃以上，如通风不及时，会发生高温危害，严重时秧苗会烤伤或死亡。

　　大棚温度日变化比较剧烈。夜间温度变化同露地变化趋势一致，一般棚内外温差 3～6℃。白天最高气温出现在 12～13 时，14～15 时以后，棚内开始降温。3～9 月间大棚昼夜温差为 20℃左右，有时可达 30℃左右，这对西葫芦栽培十分有利。棚温日变化的剧烈程度与棚体大小、季节、天气情况密切相关。大棚温度变化规律是：外温高，棚温高；季节温差明显，昼夜温差大；晴天温差大，阴天温差小。

大棚覆盖面积大，地温增长不如小拱棚快，但地温上升后比较稳定，没有剧烈变化，保温效果明显优于小拱棚。

18. 塑料大棚生产湿度性能有何变化？

大棚在密闭的状态下，空气湿度很高，有时夜间会达到饱和状态。其变化规律是：棚温升高，则相对湿度降低；棚温降低，则相对湿度升高；晴天、风天相对湿度降低；阴雨天相对湿度升高。春季进行蜜瓜栽培，每天日出后，随着棚温升高，叶片蒸腾量和土壤水分蒸发量增大，若不及时放风，棚内湿度也会大增。

19. 塑料大棚生产光照性能有何变化？

大棚光照条件除受自然条件、时间、天气等因素的影响外，主要与建棚方位、棚型结构、覆盖材料有密切关系。南北向延长的大棚，棚内水平方向上获得较均匀的光照，而东西向延长的大棚南北侧的光照差异较大。竹木结构大棚则比镀锌管材大棚光照低 10% 左右。不同质量的塑料膜，其棚内光照差异也较大。新膜比旧膜透光率高，无滴膜比有滴膜透光率高。新膜透光率达 90%，而被灰尘污染的老化膜仅 70%～80%。大棚无外保温设施，见光时间与露地相同，受光条件优于温室，但低于露地。

20. 日光温室主要有哪些结构类型？

（1）冀优Ⅱ型日光温室 该温室是河北省固安县研制的一种钢管加强架的全无立柱日光温室。其基本参数是：温室跨度 6 米，脊高 3 米，后墙高 2 米，底宽 1 米，上口宽 0.8 米，后坡仰角 40°，后坡在地面的水平投影宽度 1 米，前屋面每 3 米设一道加强钢架，钢架之间东西拉 17～18 道 8 号铁丝，呈琴弦状。每 2 个钢架之间设 5 道托膜杆，靠琴弦式铁丝支撑成拱圆形，主采光屋面角为 25°～30°，室内栽培畦比外面自然地面低 30 厘米（图 1-22）。

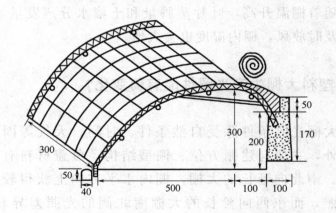

图 1-22　冀优Ⅱ型日光温室示意图（单位：厘米）

钢架上、下弦均为直径 2 厘米、壁厚 2 毫米的薄壁管。上弦 8 米，上下弦间距 16 厘米，用 8 号钢筋做拉花。在梁脊下至底脚处加 1 根直径 2 厘米、长 2.5 米的钢管为加强筋，进一步增强钢架的抗负载能力。加强架除与上弦连接的 17 道 8 号铁丝以外，在下弦还有均匀分布的 4 道铁丝以加固钢架，铁丝均与两山墙外的地锚连接。该温室采光性能好，保温效果也好，适宜华北平原中北部地区使用。

（2）鞍Ⅱ型日光温室　该温室是由鞍山市园艺研究所设计的一种无柱拱圆形日光温室（图 1-23）。前屋面为钢架结构，无立柱，后墙为砖与珍珠岩组成的异质复合墙体，后屋面由复合材料构成。采光、增温、保温性能良好，利于作业。适宜早春种植。

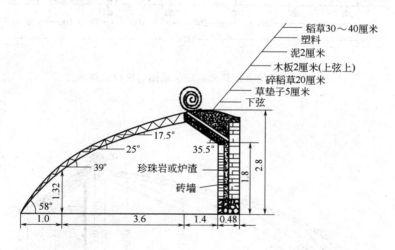

图 1-23　鞍Ⅱ型日光温室示意图（单位：米）

（3）寿光日光温室　寿光日光温室的采光、蓄热、保温性能以及机械化程度和各种温室附属设施改良后都有了很大提高。寿光日光温室合理的类型与结构为促进蔬菜作物正常生长发育，实现高产、稳产、优质提供了良好的设施环境条件，是产业发展的核心基础。目前寿光日光温室已发展到第 6 代，其代表是寿光Ⅲ、寿光Ⅳ、寿光Ⅴ、寿光Ⅵ，见图 1-24～图 1-27。

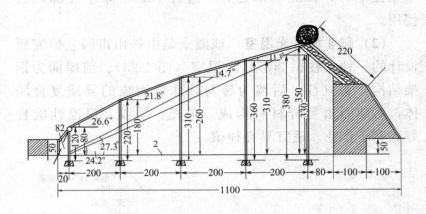

图 1-24　寿光Ⅲ型日光温室示意图（单位：厘米）

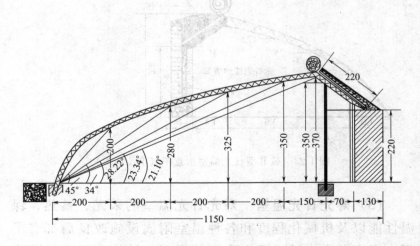

图 1-25　寿光Ⅳ型日光温室示意图（单位：厘米）

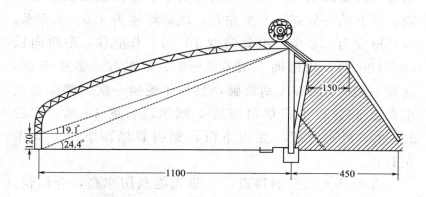

图 1-26 寿光 V 型日光温室示意图（单位：厘米）

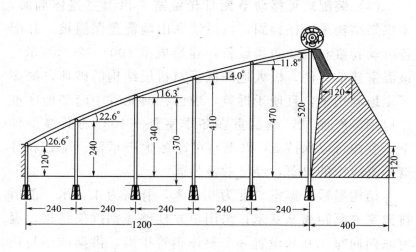

图 1-27 寿光 VI 型日光温室示意图（单位：厘米）

寿光日光温室的构造：日光温室是一种北边为土墙、南边为竹架或钢梁、竹竿相结合的半拱形薄膜覆盖的建筑物，其北墙一般高 2.8 米左右，底部厚度为 4.0～4.5 米，顶部厚度为 1.0 米，南北向宽 10～14 米左右，东西向长 80～100 米，栽培面下沉 0.5～0.7 米左右。多重覆盖，薄膜一般采用 EVA 型薄膜，且每年更换一次，确保透光率都在 95％以上；草帘厚度 5 厘米，长度 10 米，宽度 2.5 米，外加浮膜。棚内下沉，棚内栽培面下沉 0.5 米左右。

寿光日光温室的特点：一是光能利用率高，升温快，保温性能好，冬季棚内外温差能达到 15℃，最低气温能达到 5℃以上，特别适合喜温型蔬菜的生长；二是空间大，操作方便。

（4）装配式可移动节能日光温室 该温室整体椭圆，钢拱架结构采用柱脚固定，后墙和山墙覆盖保温被，并配备电动卷帘和自动防风设备，建造成本 100～120 元/米²。该温室建造方便，极大地降低了对耕层结构的破坏，提高了土地利用率，且便于拆装，现已在河北省中南部地区推广应用。经测试，该温室在冬季室外 -10℃ 的低温条件下，室内可以保持 5℃以上，可越冬生产草莓、生菜和甘蓝等喜冷凉的果菜，经济效益显著。

结构参数：温室跨度为 9.0 米，脊高为 4.0 米，前后排温室之间距离 9.0 米；采用单立柱整体钢拱架结构，温室东西向每 1.0 米设置一个整体钢管拱架，拱架前端与地面夹角（前屋面脚）35°，后端与地面夹角为 85°，立柱距离后墙 0.4 米，走道宽 0.6 米；前屋面设置纵向拉杆 5

道，拉杆通过拱卡与拱架连接；后坡面纵向设置 3 道拉杆，立柱纵向设置 3 道拉杆，通过螺丝固定；前屋面设置上、下放风口两个，采用智能电动控制方式；温室一端设出入口，并设置内置式缓冲间，缓冲间长 2.5 米、宽 1.5 米、高 2.0 米，用镀锌钢管和塑料膜建造；拱架外覆盖三幅塑料薄膜后，再覆盖一层保温被，温室内立柱上纵向设置一层保温被，东西山墙覆盖棚膜后在外侧也覆盖一层保温被；温室前后排间距与跨度相同，均为 9.0 米，以便于温室使用 3～5 年后就地移动位置，防止连作障碍（图 1-28）。

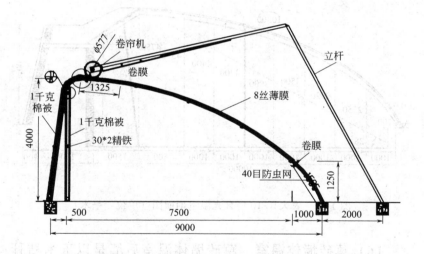

图 1-28 装配式可移动节能日光温室结构示意图（单位：毫米）

（5）农大Ⅲ型、农大Ⅳ型日光温室 土墙温室农大Ⅲ型和砖土复合墙体农大Ⅳ型日光温室（图 1-29），适用于河北省平原地区周年育苗和生产（表 1-1）。

表 1-1　农大Ⅲ型、农大Ⅳ型日光温室的型号及规格

项目	规格					
	农大Ⅲ-8 型	农大Ⅳ-8 型	农大Ⅲ-9 型	农大Ⅲ-9 型	农大Ⅳ-10 型	农大Ⅳ-10 型
跨度/米	8	8	9	9	9.8	10
脊高/米	4.25	4.25	4.8	4.8	4.75	4.75
间距/米	5.3	7.3	6.8	8.6	6.1	8.2
方位	坐北朝南,东西延长,正南或南偏西 5°					
长度/米	60～120					
栽培床位置	地表下 0.7 米					

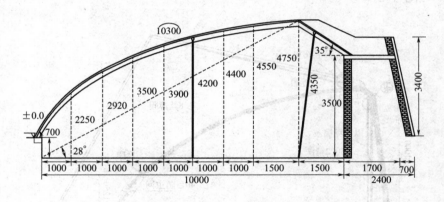

图 1-29　农大Ⅳ-10 型日光温室剖面图（单位：毫米）

（6）草砖墙体温室　草砖墙体温室后墙是以玉米秸秆经过机械粉碎、编织、压实而成的草砖砌成，棚内无需下挖，保温能力略高于普通砖墙温室，造价成本为 60～70 元/米^2，远低于普通日光温室。适于春、秋 2 茬果菜类生产（图 1-30）。

（7）聚苯保温板墙体温室　具有升温快、建造工艺简

图 1-30　草砖墙体温室

单、不破坏土壤耕层、空气湿度低等特点，一般后墙为"10 厘米保温板＋1～2 层保温被"，冬季温室内最低气温在 6℃以上，能满足草莓、番茄等果菜类越冬生产（图 1-31）。

图 1-31　聚苯保温板墙体温室

21. 日光温室如何建造？

（1）放线　选定场地后，先确定温室方位角，然后平整地面，钉桩放线，确定温室东、西山墙和后墙的位置。

(2) 筑墙 温室墙体一般用草泥垛成或用土夯成，少数用砖砌成，山区附近石料充足，可砌石头墙。

① 土筑墙板打墙的施工期应在雨季过后。筑墙用土要含适量的水分（手握成团，轻压可散），如果土太干、松散将影响墙的牢固程度；如果太湿，墙板容易沾泥，不仅影响墙面的平整和质量，而且将来风干后易裂缝。所以当表土太干时可在施工前泅水或铲除，筑墙前先将墙基整平夯实，墙基的宽度要比墙体的厚度宽15～20厘米。在打墙的过程中，挪动墙板延伸墙体时，一定要使墙板和前段墙体对直，以免影响墙体的质量和外观；同时在分段夯土时应避免垂直交接，以防交接处出现伸缩缝，影响保温。为使墙体牢固，应将墙土全面夯实。每次填土不要太厚，一般以20厘米左右为宜。

后墙与山墙的连接：后墙的长度应比温室的长度长1.5米，以免山墙和后墙的连接处有缝隙而影响保温。

② 草泥垛墙适用于黏壤土和黏土地区。垛墙前将土运到墙体邻近的地方，当卸到20厘米厚时，在土上面撒一层稻草（长约15厘米）或麦秸，然后再压20厘米的土，再在其上撒一层稻草，随即用水泅土，水要泅得匀，然后用三齿钩把稻草和土掺匀。适合垛墙的硬泥，应是人站上去稍有下沉，但不沾脚。将调好的硬泥用钢铰和铁锹一层层垛起来，一般垛到40厘米左右时需要踩实。经1～2天再垛第二层。如此反复达到墙体高度后再用"刀齿"修整，即把墙皮划成从上而下的竖纹，同时可以将泥中的草抿下来，这样就能防雨。如果施工质量好，一般4～5年内不必抹泥维修。

无论是草泥垛墙还是土筑墙，后坡处的山墙及后墙顶端外侧应高于内侧 40 厘米，使后屋面与山墙及后墙连接处严密。

③ 有条件的可建造砖石结构的墙。砖石结构又分砖石带夹心墙和砖石砌墙外培土两种。

砖石带夹心墙：内墙 12 厘米，中空 12 厘米，外墙 24 厘米。中空部分填充炉渣和珍珠岩等。也可用粉煤灰或黏土空心砖砌筑，但缝隙要抹严，防止透风。

砖石结构墙体属于永久性或半永久性建筑，砌筑前先打基础，一般深 50～60 厘米，宽和墙宽相同，用毛竹、沙子和水泥混合浇注。在基础上面用黏土砖砌成空心墙。在砌筑过程中，内外墙间要每隔 2～3 米放一块拉手砖，以防倒塌，同时砌筑时要灰浆饱满，勾好灰缝，抹好灰面，以免漏风。封顶后，外墙要砌出 50～60 厘米高的女儿墙，以使后墙与后坡衔接严密，并防止后坡上防寒柴草下滑。

为了加强后墙的保温，可在温室北墙外侧贴聚苯板（全称聚苯乙烯泡沫板，厚度 100 毫米），聚苯板外抹石膏或水泥，并使聚苯板与墙体结合紧密。

(3) 立屋架 日光温室后屋架由中柱、柁、檩（脊檩和檩）构成，下面仅就竹木结构温室屋架安装进行介绍：

后屋面一般每 3 米设一中柱，先在埋设中柱的位置挖 30～40 厘米深的坑，夯实底部并垫上砖石等硬物。在两山墙最高点之间拉起一条线以使各柁前端平齐于此直线上。将两两一组的柁和中柱通过槽边接起来，然后扶起，中柱下部置于坑内简单埋牢，柁后端担在后墙上简单固定，棍头伸出中柱前20厘米。注意中柱必须向北倾斜，不能直立。倾斜角度与后坡长短有关，长后坡温室的中柱以倾斜6°～8°为宜，短后坡温室以倾斜5°左右为好。

在架设柁和中柱过程中，每隔一段距离要用两根木棍及东、西两侧架柱柁，以防歪斜落架。全部柁架起以后，要以两山墙间拉起的线为准，统一调整各柁高度和前后位置，使其高矮及前后一致，同时要兼顾调整中柱使其在同一直线上，向北倾斜度一致。调整完毕后，将中柱进一步夯实固定，柁在墙上也用砖石顶压住。

柁安装平稳后上脊檩和檩。脊檩要求直对连接，檩可错对连接，为防止檩木下滑，可在檩上钉小木块或用铅丝固定，然后用打成直径为20～30厘米捆的玉米秸或高粱秸两捆一组密集摆在檩木之上，上边一捆的根部搭到脊檩外15～20厘米，下边一捆的根部搭在后墙顶上，两捆的梢部在中间重叠。一捆一捆挤紧，再用麦秸、柴草等比较细软的材料把空隙填平。如果后屋面过陡，在靠近后墙附近可以增加细软材料的厚度，以便日后揭盖草苫。隔热材料铺好后，上面压约10厘米厚的潮湿土，耙平踩实，再用铁锨将前檐拍齐。然后用草泥（麦秸泥）抹顶，第一、第二遍抹泥厚均为2厘米左右，同时将檐顶封好。当屋顶干后在屋顶上相当中檩的位置，固定一条供绑草苫用的8号铅丝。

半拱圆形日光温室前屋面应该向无立柱方向发展。前屋面每隔3米设一桁架，桁架上端固定在柁头上，下端固定在前底脚木桩上。桁架上设三道横梁，横梁上设一根小吊柱支撑竹片拱杆。小吊柱直径 4 厘米、长 20 厘米。在上、下两端 3 厘米处钻孔，用细铁丝穿过拧在拱杆和横梁上。拱杆上端固定在脊檩上，下端插入前底脚土中，贴地面放一横杆，把拱杆下部固定在横杆上，拱杆间距 50～60 厘米。

一斜一立式日光温室前屋面的安装：在前底脚处每隔 3 米钉一木桩，上边设一道圆木或方木横梁，横梁距地面 60～75 厘米，在横梁下面再用 2 根立柱支撑构成前立窗。在中脊至前底脚之间设两道横梁，横梁下每隔 3 米设立柱支撑。用直径为 4 厘米的竹竿做拱杆，上端固定在脊檩上，下端固定在底脚横梁上，拱杆间距 60～80 厘米。拱杆下端用 3 厘米宽的竹片，上端绑在拱杆上，下端插入土中。拱杆与脊檩、横梁交接处用细铁丝拧紧或用塑料绳绑牢。

（4）覆盖薄膜 覆盖塑料薄膜应选在无风晴天进行，薄膜的长度应超过东西山墙外 1 米以上，宽度超过前屋面 1 米。目前使用的薄膜主要是聚氯乙烯无滴膜和聚乙烯长寿无滴膜，前者幅宽多为 3～4 米，后者幅宽 7～9 米。覆盖前按所需宽度把薄膜选行烙合或剪裁。

（5）建作业间 一般在东西山墙外靠近道路的一侧建作业间，温室长度超过 100 米的可把作业间建在后墙中间。作业间宽 3 米左右，东西长 2.0～2.5 米，高度以不遮蔽温室阳光为原则。作业间南面设门，通向温室的门要靠温室后墙。作业间可防止进出温室寒风直接侵入室内，又可供人员休息、放置工具和少量生产资料等。

（6）保温措施 为增强温室保温防寒性能，前屋面夜间覆盖草苫、纸被等。草苫可以用蒲草、稻草、谷草和苇子编成，以稻草苫保温效果最好。草苫要打得厚而紧密才有良好的保温效果。草苫覆盖前屋面时，要相互重叠20厘米。纸被一般由4～6层牛皮纸缝合而成。纸被一般比温室前屋面长30～50米、宽2米。为避免被雨雪淋湿，可采用防水无纺布代替纸被，既不怕水浸，也不怕折卷。

为防止热量向外传递，可在温室前底脚处挖宽40厘米、深40～50厘米的防寒沟，沟内填满碎杂草，上面覆盖黏土后踩实，使高出地面向南有一定坡度，以免漏进雨水。

22. 日光温室生产温度性能有何变化？

温室里的温度是靠增温和保温来达到的。日光温室需要靠尽量多采光、严格保温来达到维持一定温度的目的。白天增加光照，空气温度较地温高，以高气温提高地温。晚上盖草苫保持温度，以地温提高气温。温室内昼夜温差比外界大，而且温室越小昼夜温差越大。在一定范围内这一特点对蜜瓜栽培是十分有利的。较大的昼夜温差能促进西葫芦有机物质的积累，提高西葫芦的品质。

23. 日光温室生产湿度性能有何变化？

由于温室是一个比较密闭的环境，加之作物生长期间浇水较多，因此其内部的土壤湿度和空气湿度都比较大。

温室内由于空气较密闭，又有地膜覆盖。因此，土壤湿度降低慢。西葫芦生产中，不同生育阶段对土壤湿度要求不同，如果控制不当将会降低产量和品质。因此，需按需要进行管理。

由于西葫芦除膨瓜期之外，对土壤湿度要求不高，而且又喜空气低湿，因此采用滴灌、渗灌等地膜下的微灌技术进行生产是十分有利的。

温室内的空气湿度靠通风排湿来降低。西葫芦各生育期要求的湿度不同，应根据各个生长时期需水情况的不同，通过灌水、放风进行调节。如果西葫芦长期处在一个空气湿度较高的环境中，对其生长也极为不利，不仅会影响根系的吸收功能和叶片的光合作用，还会诱发各种病害的发生。较高的空气湿度是多种病害发生的重要因素，因此，温室西葫芦栽培，湿度调节十分重要。

24. 日光温室生产光照性能有何变化？

温室里的光照主要依靠日光，其日光的利用率又受多种因素限制，如温室所处的地理位置、温室棚型结构的合理性、所选用棚膜的透光性等。一般温室光照的利用率只有自然光的70%。因此，如何尽可能多地采光、充分利用光能是十分重要的。进行温室西葫芦生产，建造温室时要选择合理的采光角度和温室坐落方位，选用合理的棚型结构和建材，减少遮阴。覆盖材料要用透光性好、高透光率保持时间较长的棚膜。

25. 日光温室生产空气性能有何变化？

温室的密闭性把室内的空气与外界相对隔绝，尤其是寒冷的冬天，为了保温，放风量应减少。温室内作物生长需要的二氧化碳消耗量大，如通风不及时，会造成作物的碳素营养不良。因此，温室的通风是不可忽视的，尤其是开花坐果期，如通风不良会影响坐果和果实的产量及品质。通风还可以调节温室中的温度和湿度。只有灵活掌握通风的时间，才能保证温室合理的温度、湿度及二氧化碳气体浓度，满足西葫芦生长发育的需求。

第二章

西葫芦栽培的
基本特征和要求

1. 西葫芦根系具有哪些生长特征？

　　西葫芦主根发达，在不受损伤的情况下可入土深达 2 米以上。在育苗移栽时，根系向深处发展受到抑制，侧根则有很强的分枝能力，横向分布半径可达 1 米以上。大部分根群分布在 10～30 厘米的土层内，主要根群分布在 15～20 厘米的深度，侧根水平伸展可达 40～75 厘米。由于根系发达，吸水、肥能力强，具有一定的耐干旱能力，西葫芦与其他瓜类的相同之处是根系再生能力差，受到损伤后恢复较慢，所以育苗移栽时需采用护根育苗的方法。

2. 西葫芦茎蔓具有哪些生长特征？

　　西葫芦茎分为蔓生、半蔓生和矮生三种。茎五棱，有粗刚毛，深绿色或淡绿色、黑绿色。一般茎蔓为空心。主蔓有着很强的分枝能力，叶腋容易抽生侧枝。矮生品种节间很短，一般栽培方式下不伸蔓，蔓长只有40～50厘米。但在日光温室搭架长期栽培的情况下，蔓长可达1米以上，有的在架护条件下还可达到2～3米。

③ 西葫芦叶具有哪些生长特征？

西葫芦的叶分子叶和真叶。子叶对西葫芦的生长有着重要作用，由于病虫害或其他原因使子叶遭到损伤时，可以使雌花和雄花的开放延迟，产量降低。所以，在西葫芦育苗和定植后的管理中，尽量促进和保护好子叶，延长其存活期，这对夺取丰产有着积极意义。西葫芦的真叶硕大，互生，叶面有较硬的刺毛，表明其有一定抗旱能力。叶柄直立、中空，密度过大或肥水施用不当时，叶柄极易伸长，容易受到机械性损伤。部分品种的叶片上近叶脉处有银白色斑点。

④ 西葫芦花具有哪些生长特征？

西葫芦为同株异花，花单生、黄色。矮生的早熟品种第一雌花一般着生在第4～5节，以后每隔1～2叶出现1朵雌花。但西葫芦的雌、雄花形成习性与黄瓜相似，低温短日照条件下分化雌花多，雌花节位低，连续出现雌花的性能强。侧枝上雌花着生的节位表现出明显的阶段性，越是接近主茎基部的侧枝上的第一个雌花着生的节位越高；

反之，越是靠近上部的侧枝其第一雌花发生得越早，多在1～2节即出现。瓜的采收频率也对雌、雄花的发生有着重要影响。多次采收时，雌、雄花的数目都多，雄花与雌花的数量比值小；间隔2周采收1次的，雄花和雌花的数目都减少，而且数量比值加大。说明当采收间隔时间长时，雌花的发生数目将受到显著的抑制。常规栽培时，雄花出现得早而多，而且先于雌花开放。但在深冬育苗冬春茬栽培时，有时出现雄花少而晚的现象。西葫芦单性结实力差，自花结实率低；花粉粒大而重，且带黏性，风不能吹动，授粉需要由昆虫完成。在冬季保护地里极少有昆虫活动的情况下，需有人工辅助授粉或用生长激素处理，以提高坐果率。

5. 西葫芦果实具有哪些生长特征？

西葫芦多是以采收嫩瓜供食用，西葫芦的瓜形、大小和颜色因品种不同而呈现多样性。果实多呈圆筒形，果皮颜色有白色、绿色、墨绿色，有或无斑点、条纹，果面圆滑或稍有纵棱。果实大小与品种有关，但商品瓜大小与采收期有关，早采者单瓜质量小，幼嫩，商品性好；晚收者单瓜质量大，多老熟，商品性差。选用品种时，须符合当地或销往地的消费习惯。

6. 西葫芦种子具有哪些生长特征？

西葫芦种子为浅黄色，披针形，千粒重为140～200

克，发芽年限为 4～5 年，使用年限为 2～3 年。

7. 西葫芦发芽期具有哪些生长特点？

发芽期指从种子萌动到第一片真叶出现。此时期内秧苗的生长主要是依靠种子中子叶贮藏的养分，在温度、水分等适宜的条件下，约需 5～7 天。子叶展开后逐渐长大并进行光合作用，为幼苗的继续生长提供养分。当幼苗出土到第一片真叶显露前，若温度偏高、光照偏弱或幼苗过分密集，子叶下面的下胚轴很容易伸长，如豆芽菜一般，从而形成徒长苗。

8. 西葫芦幼苗期具有哪些生长特点？

幼苗期指从第一片真叶显露到 4～5 片真叶长出，大约需 25 天。这一时期幼苗生长比较快，植株的生长主要是幼苗叶及各器官的形成、主根的伸长（包括大量花芽分化）。管理上应适当降低温度、缩短日照，促进根系发育，扩大叶面积，确保花芽正常分化，适当控制茎的生长，防止徒长。培育健壮的幼苗是高产的关键，既要促进根系发育，又要以扩大叶面积和促进花芽分化为重点，只有前期分化大量的雌花芽，才能为西葫芦的前期产量奠定基础。

9. 西葫芦初花期具有哪些生长特点？

初花期指从第一雌花出现、开放到第一条瓜（即根瓜）坐瓜。从幼苗定植、缓苗到第一雌花开花坐瓜一般需20～25天。缓苗后，长蔓型西葫芦品种的茎伸长加速，表现为甩枝；短蔓型西葫芦品种的茎间伸长不明显，但叶片数和叶面积发育加快。花芽继续形成，花数不断增加。在管理上要注意促根、壮根，并掌握好植株地上、地下部的协调生长。具体栽培措施上要适当进行肥水管理，控制温度，防止徒长，同时创造适宜条件，促进雌花的数量和质量的提高，为多结瓜打下基础。

10. 西葫芦结果期具有哪些生长特点？

结果期指从第一条瓜坐瓜到采收结束。结果期的长短是影响产量高低的关键因素。结果期的长短与品种、栽培环境、管理水平及采收次数等情况密切相关，一般为40～60天。在日光温室或现代化大温室中长季节栽培时，其结果期可长达150～180天。适宜的温度、光照和肥水条件，加上科学的栽培管理和病虫害防治，可达到延长采收期、高产、高收益的目的。

11. 西葫芦生长发育对温度有什么要求？

西葫芦在瓜类蔬菜中是相对比较耐低温的，与黄瓜、南瓜相比，耐寒力最强。生长发育的适温是18～25℃，15℃以下生长缓慢，8℃以下生长停止。露地栽培时，30℃以上生长缓慢且极易发生病毒病，32℃以上花器不能正常发育。各生育期的适温及对温度的忍受能力不大一样：种子发芽的适温为 25～30℃，温度达 15℃可以发芽，但极为缓慢；温度 30～35℃发芽最快，但易徒长，芽子细弱，幼苗也不壮。较低的温度（15℃）条件有利于雌花的分化。

开花坐果期的适温是 22～25℃，低于 15℃授粉不良，高于 32℃花器发育不正常。经过受精的瓜，虽然在夜温 8～10℃或 16～20℃的条件下，均可长成大瓜，但生长的适温是 18～25℃。

西葫芦不耐霜冻，0℃时即会被冻死。但西葫芦苗期植株的耐低温能力明显高于开花结瓜后的植株。西葫芦根系伸长的最低温度是 6～8℃，最适温度是 32℃，最高温度是38～40℃。根毛发生的最低温度是 12℃，根尖细胞分裂的适温为 15～25℃。

12. 西葫芦生长发育对水分有什么要求？

西葫芦原产于热带干旱地区，具有发达的根系，吸水和抗旱能力很强，但由于其叶片硕大，蒸腾作用强，仍要求比较湿润的土壤条件，土壤相对含水量以 70%～80%为宜。坐第一个瓜前期，应保持土壤见干见湿。浇水过多易引起茎叶徒长，严重影响正常结瓜和产量；过于干旱又会抑制生长发育。开花期水分过多易造成落花落果。膨瓜期需水量大，必须加强水分管理。

西葫芦同时又要求比较干燥的空气条件，空气的相对湿度以 45%～55%为宜。雌花开放时，若空气湿度过大，则会影响正常的授粉，导致"化瓜"或"僵瓜"。保护地栽培时，西葫芦又表现出一定的耐湿能力，但湿度大易引发病害。因此，应设法减少地面水分蒸发和通过放风来降低空气湿度。

13. 西葫芦生长发育对光照有什么要求？

西葫芦属短日照作物，即在短日照下雌花出现得早、结瓜较早，长日照有利于茎叶的生长。低温短日照有利于雌花的提早出现。据观察，在同样温度条件下，短日照的雌花要比长日照节位低 1～2 节，数量也多；在同样短日照条件下，白天温度在 22～24℃、夜间温度在 10～13℃时的雌花要比白天 26～30℃、夜间 20℃节位降低 9～10 节。由此可见，低温短日照有利于雌花的形成、雌花数量的增加、节位的降低。但对未受精的花朵来说，短日照（7 小时）下反比自然日照（11 小时）下坐果数少，在长日照（18 小时）下则不坐果。对已受精的花朵来说，坐果的多少基本不受日照时间长短的影响。

在对日照强度的要求上，西葫芦要比黄瓜严格些，但从整体上来看，西葫芦当属喜强光又耐弱光的一类。光照充足时，植株生长良好，果实发育快，而且品质好。但在塑料棚室的光照条件下，西葫芦也能比较正常地开花结瓜。而若遇有连阴寡照，光照不足、强度弱，时数少，植株则会生长发育不良，表现为叶色淡，叶片薄，叶柄长，常易引起"化瓜"，致使结瓜数减少，同时还容易发生白粉病和霜霉病，降低产品品质。光照过强时，由于自身叶片大，蒸腾旺盛，易引起萎蔫和发生病毒病。

14. 西葫芦生长发育对土壤和营养有什么要求？

西葫芦根系强大，吸收空间大，对土壤的要求不严格。在黏土、壤土、沙土中均可栽培。但生产中常可见到，种植在瘠薄土壤上的西葫芦往往在结过 2 或 3 个瓜之后，便很少再有幼瓜出现，此后不管做多大努力，也较难使其恢复正常结瓜，在这一点上它远不及黄瓜，因此对西葫芦耐瘠薄的传统认识需要重新审视。进行高产栽培时，必须注意选择疏松肥沃、保水保肥能力强的壤质土壤，而且需要尽量多地施用优质的有机肥料。

西葫芦喜欢微酸性土壤，pH 以 5.5～6.8 最为适宜。

西葫芦吸肥能力强，若氮素化肥使用过多，极易引起茎叶徒长，导致落花落果及病害蔓延，故必须强调氮、磷、钾配合使用。结瓜盛期植株吸收肥料最快，对"五要素"的吸收量依次是钾、氮、钙、镁、磷，以钾最多，故必须注意钾肥的施用。对西葫芦这种连续采收嫩瓜的蔬菜来说，可在开花期和结瓜前期适当追施氮肥，结瓜盛期则要保证氮、钾的供应，以提高总产量。

15. 西葫芦性型分化具有什么特征？

低温短日照条件有利于西葫芦花芽的分化和雌花的发生。温度与日照相比，温度起主导作用。在日照 8～10 小时的情况下，昼夜温度在 10～30℃的范围内，温度越低，第一雌花出现的节位越低，雌花数越多。在白天 20℃、夜间 10℃、日照 8 小时的情况下，雌花发生多且比较肥大。

16. 西葫芦授粉受精及坐果有什么特征？

西葫芦开花是在凌晨 4 时以后，4:00～4:30 完全开放。自然授粉多在 6～8 时之间，13～14 时完全闭花。自然界昆虫传粉最盛时间是在 6:30～8:00。但受精能力和坐果率最高的时间是在花完全开放后的 4～5 小时，此后受精能力下降，所以人工授粉必须及时。雌花在开花的前 1 天已具备了受精能力。人工授粉在雄花多时，可将雄花花冠撕下，插到雌花里，使花粉与柱头接触，1 个雌花放 1 个雄花。雄花少时可用毛笔蘸取花粉，轻轻地涂抹在雌花的柱头上。

开花时子房和花瓣肥大者，一般坐果率都高。人工授粉的坐果率比用激素处理要高。但在温室冬春茬栽培时，有时雄花甚少，花粉发育不良或受损，单靠人工授粉还无法完全保证较高坐果率时，应同时使用激素处理，这样可使坐果率达到 90％以上。

17. 西葫芦结瓜为何有间歇现象？

由于瓜蔓上第 1 个瓜开始发育膨大时，它有优先独占养分的特点，因而会使它后面的 3～4 个瓜停滞发育而化瓜或落蕾。只有当此瓜采收后，再开的雌花才有可能坐住瓜，当然后来坐成的瓜也要对其后面的 3～4 个瓜产生同样的影响，这就造成了西葫芦的结瓜呈现间歇现象。这种情况在结瓜前期植株尚小时表现尤为明显。因此，西葫芦呈现间歇性结瓜是养分争夺的结果。但若当西葫芦的果实开始膨大时遇连阴天，或叶片遭受病害或机械性损伤而大量损坏，这个瓜的发育也要停止以至化掉，显然这是养分中断的结果。把以上两种情况归结到一起，可见西葫芦结瓜的间歇现象，主要原因是先结的瓜优先独占或截流了养分或养分中断，后来的幼瓜和花蕾由于缺少养分而终止生长发育，化掉或脱落，待果实收获后或间隔一定节位，营养生长又积累了一定养分之后，才具备再度结瓜的能力。

第三章

西葫芦类型与优良品种

1. 西葫芦按植株茎蔓的长短可分为哪些类型？

（1）矮生类型 多为早熟品种，是目前生产上的主要栽培类型。蔓长 0.3～0.5 米，节间很短，第一雌花着生于第 3～8 节，以后每节或每隔一节出现雌花。品种如早青一代、花叶西葫芦等。

（2）半蔓生类型 多为中熟品种，蔓长 0.5～1.0 米，主蔓第 8～10 节着生第一雌花，很少栽培。

（3）蔓生类型 多为晚熟品种，蔓长 1～4 米，节间较长，主蔓第 10 节后出现雌花，耐寒力弱，抗热性强，品种如长西葫芦。

2. 西葫芦生产主要有哪些优良品种？

（1）早青一代 山西省农业科学院蔬菜研究所用阿尔

及利亚花叶西葫芦与黑龙江小白瓜杂交选育的一代杂交种，为短蔓类型。结瓜性能好，雌花多，早熟。第一雌花着生于第 4 节左右，可同时结 3～4 个瓜，播种后 42 天可采收 250 克以上的嫩瓜。瓜长筒形，嫩瓜花皮、浅绿色，老瓜黄绿色。耐低温，抗病毒能力中等，每亩产量 5000 千克以上。适宜日光温室和小拱棚薄膜覆盖早熟栽培。每亩定植 2200 株左右。本品种有先开雌花的习性，在保护地中栽培，需用 2,4-D 等蘸花。

（2）阿太一代西葫芦 山西省农业科学院蔬菜研究所育成。早熟，植株矮生，蔓长 33～50 厘米，节间短，生长势强。第一雌花着生于第 5 节左右，以后节节有雌花，采收期集中。嫩瓜深绿色，有光泽，表面有稀疏白斑纹，老瓜墨绿色。抗病性较强。每亩定植 1700 株，产量 5000 千克左右。应施足底肥，结瓜期注意追肥，及时采收嫩瓜。适宜南北方小拱棚栽培。露地直播 50 天可采收重约 0.5 千克的嫩瓜。

（3）东葫 2 号 山西省农业科学院棉花研究所选育。早熟，从出苗到采收 40 天左右。植株生长势强，株型结构合理，坐瓜习性好，单株 3～4 瓜可同时生长，膨瓜速度快，商品性及品质均好。叶面有不明显的银斑。雌花密，几乎节节有瓜，花后 5～7 天可采收 250 克嫩瓜。瓜长筒形，浅白花皮，细腻、平滑、无棱，瓜长 23～25 厘米，横径 6～7 厘米。宽窄行栽培，宽行 120～140 厘米，窄行 60～80 厘米，株距 60～70 厘米，每亩定植 1100～1200 株，每亩产量 6000 千克左右；雌花开放早，前期需要用 2,4-D 蘸花；雌花多，瓜码密，可根据土壤肥力和栽培条件适当留瓜。适宜春提早保护地和露地地膜覆盖栽培。

（4）东葫3号　山西省农业科学院棉花研究所选育。植株长势旺，叶片深绿，株型紧凑，根系发达，持绿期长，第一雌花节位在第 7～8 节，且雌花多，瓜码密，连续坐瓜能力强，一株可同时坐 3～4 个瓜。早熟性好，从出苗到采收需 40 天左右。瓜膨大速度快，花后 5～7 天可采收 250 克嫩瓜，瓜形为长筒形，粗细均匀，长 23～25 厘米，直径 7～8 厘米，皮色翠绿，光泽亮丽，细嫩美观，商品性极佳，耐贮藏。春提早栽培亩产 7000～8000 千克，日光温室栽培亩产达 10000 千克以上，露地栽培产量 3800～5000 千克，属于丰产、稳产型最新露地西葫芦品种。

（5）合玉丽　山西省农业科学院蔬菜研究所选育的中早熟杂交一代新品种。半蔓生，第一雌花节位在第 5～6 节，瓜顺直，皮色浅绿且有光泽，单瓜质量 320 克左右，成瓜率高，商品性好。植株生长势强，不早衰，抗病性强。适宜在全国早春保护地栽培。

（6）盛玉307　山西省农业科学院蔬菜研究所选育的中早熟杂交一代新品种。植株长势强，不早衰，叶片大、缺刻小；瓜条顺直，皮色翠绿且有光泽，长约 21.4 厘米，粗约 7.2 厘米，单瓜平均质量 350 克，商品性好；抗白粉病、霜霉病、病毒病能力强，抗逆性强；适宜在山西省早春日光温室、露地及秋延后栽培。

（7）春葫一号　山西省农业科学院蔬菜研究所选育的早熟杂交一代新品种。植株矮生，株型紧凑，分枝较少，生长势强，持续结瓜能力强，抗性好，瓜条匀称，嫩瓜皮色浅绿、有光泽，商品性好。一般每公顷产量 73500 千克左右。适宜于早春保护地和露地等种植。

(8) 东葫 4 号 山西省农业科学院蔬菜研究所选育的早熟杂交一代新品种。植株长势旺，株型半蔓生，开展度大。第一雌花节位为第 6～7 节，雌花多，成瓜率高，1 株 3～4 个瓜可同时生长。商品瓜长筒形，皮色翠绿，光泽度好。田间抗病毒病能力较对照早青一代及皮托 4094 强，抗白粉病能力较对照早青一代强。每亩产量 5600 千克左右。适宜山西早春及秋延后保护地及露地生产。

(9) 欧美圣玉 山西省农业生物技术研究中心和山西省农业科学院农业资源综合考察研究所选育。中早熟，矮秧类型。植株长势强，株高 70 厘米左右，开展度 110 厘米左右。第一雌花节位在第 6 节，每隔 1～2 节现 1 雌花，节成性好。瓜筒形，瓜棱不明显，瓜皮淡绿色，光泽度好，瓜长 20～25 厘米、横径 6.4～7.5 厘米，单瓜质量 400～600 克。每亩种植 2500 株左右，三叶一心时定植；果实开始膨大时追肥补水，及时采收嫩瓜，注意防治白粉病及斑潜蝇。适宜山西省各地早春露地栽培。每亩产量 4000 千克左右。

(10) 晋西葫芦 6 号 山西省太原市农业科学研究所选育。早熟，植株生长势强，雌花多，瓜码密，易坐瓜，膨瓜速度快，畸形瓜少，品质较好。茎秆粗壮，叶片肥厚，第一雌花节位在第 6～7 节。瓜长筒形，瓜长 23 厘米左右，瓜皮浅绿色，有光泽。太原地区早春大棚栽培，2 月上旬在加温温室育苗，3 月中旬定植于大棚，株距 50 厘米，行距 80 厘米。定植前每亩施有机肥 4000 千克，果实开始膨大后追肥，每次每亩施尿素 15～20 千克或三元复合肥 20 千克。开花时人工辅助授粉或用生长素蘸花、保果。4 月上旬至 6 月下旬要及时采收 200 克以上的嫩瓜，以提高产量。及时防治病虫害。适宜山西省各地早春露地栽培。每亩平均产量 4500 千克左右。

（11）银青一代 山西晋生种子实业有限公司育成。极早熟，叶柄短，植株矮生。第一雌花着生于第 4～5 节，雌花多，瓜码密。瓜长圆柱形，蒂脐两端对称，瓜色鲜嫩，味甜。嫩瓜外皮浅绿色，有浅白色花斑。高抗病毒病及霜霉病。一般每亩产量 6500 千克。每亩定植 2300～2500 株。注意及时采收嫩瓜。采收期要供应充足的肥水。适宜全国各地保护地种植。

（12）晶莹一号 山西晋黎来蔬菜种子有限公司研究开发的极早熟杂交一代品种。第一雌花节位在第 7 叶，生长势较旺，分枝性中等，开展度 90 厘米，叶柄黄绿色，节间浅绿色，叶上有白斑，瓜色极浅绿，比早青一代色浅，瓜枝明显，颜色稍深，瓜身上有白色点状纹，长圆筒形，瓜柄五角形。

（13）寒丽 山西省农业科学院蔬菜研究所最新育成的西葫芦新品种，2009 年通过山西省农作物品种委员会审定。该品种为早熟一代杂交种，属矮秧类型，植株株型紧凑，生长势强，抗逆性好，叶绿色，少白斑，嫩瓜皮色浅绿，带细微网纹，商品性好。一般每亩产量在 5000 千克左右。适宜于早春保护地和露地种植。

（14）晋园 6 号 山西省农业科学院园艺研究所选育。

植株生长势强，矮生类型，节间短，株高 75 厘米，开展度 115 厘米，叶色深绿，缺刻浅，叶面有白斑，第一雌花位于第 6～7 节，雌花多，瓜码密，坐瓜能力强，瓜皮淡绿色，瓜条长棒状，表面光滑有光泽，瓜形指数 3.5。采收嫩瓜时，单瓜质量 250～300 克，商品性好，田间抗病性略强于早青一代。一般每亩产量可达 7000 千克左右。适宜保护地栽培。

（15）嫩玉　山西省太原市农业科学研究所选育的一代杂交品种。植株生长势较强，叶色浓绿。抗逆性较强，耐低温弱光，较耐病毒病和霜霉病。早熟，比对照早青西葫芦早上市 5～7 天。节成性好，比早青西葫芦增产 12%以上。商品瓜直长筒形，果实纵径 18～20 厘米、横径 6～8 厘米，单瓜质量 250～350 克，瓜皮淡绿色，有光泽，商品性好，品质优；株型紧凑，宜密植，每亩保苗 2200 株，叶片上冲，相互遮阴少，极少发生徒长与坠秧；吸收水、肥能力强，较耐瘠。适宜节能日光温室越冬茬种植。

（16）农园 1 号　山西农业大学园艺学院选育的矮蔓西葫芦一代杂交种。该品种植株生长势强，早熟性好，植株矮生；播种后 35 天开始采收 250 克左右的商品嫩瓜。第一雌花节位在第 6～7 节，雌花多，成瓜率高，瓜为淡绿色的圆球形，光泽度好，商品性极佳，属高档型特色西葫芦品种。抗病毒病。早春露地地膜覆盖高垄栽培产量为 4000～6000 千克/亩。

（17）丽莹　抗病、抗逆、抗寒性强，对灰霉病、白粉病以及茎秆腐烂有较强抗性，对土壤和自然环境适应性强，根系发达，吸肥力强，茎秆粗壮，叶片肥厚，光合作用强，长势旺盛，果实为长圆柱体，长 22～26 厘米，粗 7～8 厘米，均匀整齐，翠绿亮丽，瓜皮韧性好，保水性强，耐贮运。坐果能力强，一株同时可坐果 5～6 个，每株可采果 35 个以上。该品种适宜秋延后、早春大棚栽培。

(18) 奇山 2 号　短蔓类型，节间短，叶柄短，适宜密植。有较多的灰白色花斑。第 9～10 节着生第一雌花，以后几乎每节都有雌花。瓜呈长筒形，有明显条棱，皮色翠白、美观，单瓜 1 千克仍能保持鲜嫩，品质好，生长势强，抗病。

(19) 潍早 1 号　山东省潍坊市农业科学研究所培育的一代杂种，1998 年通过山东省品种审定。植株较直立，主蔓长 50～60 厘米，株幅约 50 厘米，叶形五角掌状，叶缘浅裂，深绿色，第 4～5 叶节着生第一雌花。果实长圆柱形，横径 8～10 厘米，长 30 厘米。瓜皮白色，有光泽。单瓜重 800～1200 克，品质较好。高抗白粉病，对病毒病抗性明显优于早青一代，较抗霜霉病。亩产 4000～4500 千克。适宜山东省各地早春小拱棚和秋延后栽培。

(20) 寒玉　淄博市农业科学研究院蔬菜研究所选育。植株长势旺盛，叶柄直立，株型紧凑，叶色深绿，叶片肥厚，节间短，雌花节位低，节节有瓜。定植后 30 天左右可采收嫩瓜。嫩瓜翠绿色，瓜长圆柱形。瓜长 22～26 厘米、粗 7～8 厘米，瓜条顺直，光泽亮丽，商品性好。茎秆粗壮，一株 4～5 瓜可同时生长，不会产生坠秧。吊蔓栽培平均单株可采果 30 个以上，采收期长达 150～200 天。秋延后露地栽培每亩产量达 3000～3500 千克，日光温室栽培每亩产量达 15000 千克。根系发达，抗寒性强，抗病性好。适宜日光温室栽培。

(21) 冬绿 淄博市农业科学研究院蔬菜研究所选育。植株长势旺盛，株型紧凑，叶色深绿，节间短，雌花节位低，瓜码密，定植后35天左右可采收嫩瓜。嫩瓜翠绿色，瓜圆柱形。瓜长 23～28 厘米、粗 6～8 厘米，瓜条顺直，有光泽。茎秆粗壮，根系发达，一株 3～4 瓜可同时生长，连续坐瓜能力强。单株可采果 30 个以上，采收期长达 150～200 天。日光温室栽培每亩产量达 10000 千克以上。抗逆性好，前期耐低温，后期耐高温。高抗病毒病、白粉病。适宜日光温室、大中小塑料棚栽培。

(22) 烟葫 4 号 山东省烟台市农业科学研究院选育的西葫芦一代杂交种。矮蔓生，早熟，生长势强；叶掌状五裂、深绿色，叶面有白色斑点。第一雌花着生于第 5～6 节，瓜码密，连续结瓜性强，瓜条顺直，长棒形，长 20～22 厘米，横径 5.5 厘米，单果质量 350 克左右。嫩瓜皮色墨绿，有光泽，瓜腔小，肉质细腻，品质好。适宜早春小拱棚及日光温室冬春茬栽培，一般保护地栽培每亩产量 6000 千克左右。

(23) 淄葫 1 号 淄博市农业科学研究院的一代杂交品种。属短蔓矮生型，生长势强，蔓绿色，蔓长 40～50 厘米，株幅 50～60 厘米，叶掌状五裂、深绿色，叶面有稀疏白色斑点。第 1 雌花着生于第 4～5 节，瓜码密，连续结瓜性强，可同时结瓜 4～5 个。定植后 35 天左右开始采收嫩瓜。瓜条顺直，圆柱形，长 20～22 厘米，横径 6 厘米，单果重 390 克左右。嫩瓜皮色淡绿，有光泽，肉质细腻，品质好。每亩产量 4500 千克以上。

（24）淄葫 3 号　淄博市农业科学研究院选育，通过了山东省品种审定。该品种属短蔓矮生型，生长势强，蔓绿色，蔓长 40～50 厘米，株幅 50～60 厘米，叶掌状五裂、深绿色，叶面有稀疏白色斑点。第一雌花着生于第 5～6 节，雌花密，连续结瓜性强，可同时结瓜 4～5 个，定植后 35 天左右开始采收嫩瓜。瓜条顺直，圆柱形，无棱，长 23～25 厘米，横径 6～7 厘米，单果重 500 克左右。嫩瓜皮色淡绿，有细腻的小白点，有光泽，肉质细腻，品质好。高抗白粉病，较抗病毒病、霜霉病。春露地栽培每亩产量 4500～5000 千克，适宜我国北方春露地及设施栽培。

（25）西星西葫芦 1 号　山东登海种业股份有限公司西由种子分公司选育的一代杂交品种。属短蔓矮生型。生长势强，蔓绿色，蔓长 40～50 厘米，株幅 45～55 厘米，叶掌状五裂、深绿色，叶面有稀疏白色斑点。第一雌花着生于第 5～6 节，瓜码密，连续结瓜性强，可同时结瓜 4～5 个。定植后 35 天左右开始采收嫩瓜。瓜条顺直，圆柱形，长 20～22 厘米，横径 5.5 厘米，单果重 400 克左右。嫩瓜皮色淡绿，有光泽，肉质细腻，品质好。一般每亩产量可达 4600 千克以上。

（26）济葫 1 号　济源市农业科学研究所选育的一代杂交种。植株生长旺盛，株型紧凑，矮蔓，早熟，丰产，抗病毒病、白粉病、蔓枯病。瓜绿色，嫩瓜长 22 厘米、粗 5.5 厘米，果面光滑，有光泽，粗细均匀，品质佳。每亩产量 6000 千克左右。适于早春茬、秋冬茬及越冬茬栽培。

(27) 青翠 2 号 植株长势旺盛，叶柄绿色，叶形较小，叶深绿色，叶上少有白斑，叶片的叶沿深度裂刻。茎蔓节间短，无侧蔓，株型紧凑。第一雌花节位在第 5~6 节，坐瓜节位低，单株坐瓜率高，采瓜期长。嫩瓜皮色为浅绿色，带乳白色网状条纹，纺锤形，条棱不明显。瓜柄五角形，瓜外形美观、品质好、耐运输。一般每亩产量在 6000 千克以上，从播种到商品采摘期为 36 天。

(28) 金丝搅瓜 山东、河北等地的地方品种。植株生长势强，叶片小，缺刻深，果实椭圆形，单瓜重 0.7~1 千克。成熟瓜表皮深黄色，也有底色橙黄、间有深褐色纵条纹的。肉厚，黄色，组织呈纤维状。以老瓜供食，整瓜煮熟后，瓜肉用筷子一搅即成粉条状，故称搅瓜。

(29) 阿尔及利亚西葫芦 从国外引进。该品种节间极短，自然蔓长多为 30~50 厘米，分枝性弱，多不发生侧蔓，株型紧凑，株幅小，适于密植。叶片呈五星掌状，叶缘深裂，似碎花状，像西瓜叶。叶色深浅不一，在近叶脉分枝处有银白色角斑。第一雌花多着生在第 5~6 节，以后几乎节节有瓜。一般栽培条件下单株可结瓜 3~7 个。瓜呈全卵圆形，上有 8 条明显的棱，嫩瓜重 0.5~1 千克，瓜肉绿白色，纤维少，风味好，品质佳。播种后 60 天左右采收。该品种生长势强，耐寒，抗病，幼瓜谢花后 14 天可上市，产量集中，也适合保护地栽培。

(30) 灰采尼 从美国引进的西葫芦杂交种。株高 70 厘米，瓜蔓短粗，上有坚硬的刺毛，节间短，叶片较大，呈掌形，并带有灰白色斑，叶缘深裂，叶柄直立。每节有 1 个瓜，瓜形与花叶西葫芦基本一样，皮色深绿，有白色花纹。植株长势较旺，抗病性较强，果实生长快而不易化瓜，每亩产 5000 千克左右。

(31) 碧玉 从美国引进。植株生长势强。瓜棒槌形，乳白色，外形美观。嫩瓜长 18～20 厘米、重达 200～300 克时即可采收。每株一般能采 5～8 个瓜。每亩产鲜瓜 3000～5000 千克。适口性好。抗白粉病及霜霉病。适宜全国各地保护地及露地栽培。

(32) 赛珍珠 从美国引进。果形为球形，果皮淡绿色，瓜码密，直立型植株，长势旺盛，抗病性强，持续结果，嫩果食用，适于炒食、夹肉馅蒸食、烧烤、做汤等。从播种至始收 64 天，持续采收期两个多月，上市单果重 430 克左右，单产 6000 多千克。

(33) 绿珍珠 从美国引进。果形为球形，果皮深绿色，直立型植株，瓜码密，长势旺盛，抗病性强，持续结果，嫩果食用。从播种至始收 66 天，持续采收期两个多月，上市单果重 517 克左右，单产 6000 多千克。

(34) 黄珍珠 从美国引进。果形为球形，果皮为明黄色，直立型植株，瓜码密，长势旺盛，抗病性强，持续结果，嫩果食用，适于炒食、夹肉馅蒸食、烧烤、做汤等。从播种至始收 62 天，持续采收期两个多月，上市单果重 340 克左右，单产 5000 多千克。

(35) 金元帅 从美国思地沃集团引进，杂交一代西葫芦种。早熟品种，成熟期 46～52 天。植株长势旺，坐瓜能力强。瓜圆柱形，长 18～22 厘米，瓜皮金黄色，有蜡质光泽及微棱，瓜肉白嫩，品质佳。

(36) 金蜡烛 美国加利福尼亚皮托种子有限公司培

育的金黄色果皮西葫芦，杂交一代品种。早熟，从种植至始收 53 天，果实直而整齐，长圆筒形，上有微突起的浅棱，果皮光滑如蜡，金黄色，果柄五棱形，浓绿色，果肉柔嫩，奶白色，商品果长 18～20 厘米。植株直立、矮生，主蔓生长粗壮，叶开张，容易采收，品质、风味好。

(37) 翠珍珠 极早熟一代杂交品种，播种后 35 天左右即可采收。植株生长旺，矮生，直立，开放。瓜圆球形，可鲜食，瓜皮青绿色并带灰绿色斑点，光泽度好，商品性好。花后 7 天单瓜重可达 320 克左右，进入采收期后 1 个月，每亩可累积采收 3000 千克以上。

(38) 纤手一号 法国纤手一号西葫芦是一个典型的日光温室专用型品种，具有一年四季均能生长的长生长期特性。瓜皮浅白色，表皮油亮，光泽度极好，肉质脆嫩，品质极佳。该品种适应性广，抗逆力强，长势旺盛，从开花至采瓜（单瓜重约 0.4 千克）需 3～4 天，在冬季寒冷季节则需 10 天左右，每株结瓜 20～30 条，亩产 7500 千克以上。该品种不仅可熟食，还可生食。生食时肉质鲜嫩，味道脆甜，克服了黄瓜表皮的单宁涩味，在凉拌中可代替黄瓜。

(39) 寒笑 法国太子公司日光温室越冬专用品种，植株长势旺盛，株形半展开，深绿色，叶片大，节间短，茎秆粗，特耐寒，带瓜力强；瓜长 26～28 厘米、粗 7～8 厘米，平均单瓜重 350～450 克，长圆柱形，瓜皮翠绿色，光泽亮，商品性好，产量高，每株可采果 35 个以上。适于日光温室越冬栽培。

(40) 法国 68 法国 TEZIER 公司日光温室专用品

种。突出特点为耐寒、瓜条长、颜色好、产量高。其植株长势旺盛，整齐度好，坐瓜多，瓜长 24～26 厘米、粗 6 厘米，平均单瓜重 400 克，圆柱形，表皮浅绿色，光泽亮丽，易运输、耐存放，商品性好，品质佳；植株叶片中等大小，中绿色，节间长度中等，抗病、抗逆能力强，每株可采果 35 个以上。

(41) 法国喜士 从法国引进。早春塑料大棚专用品种，植株长势旺，叶片小，叶柄短，株型紧凑，叶色油绿光亮，茎粗，节间短，瓜长 26～28 厘米、粗 6 厘米，瓜皮细腻，平滑无棱，浅绿色，光泽度好，商品性极佳，产量高，适于春节前育苗，春节后定植保护地栽培。

(42) 法国百盛 从法国引进。中早熟，植株整齐，长势强劲，叶片大小中等，株型结构合理，节间短，耐寒性特强，深冬带瓜性好，越冬栽培时瓜秧生长与瓜条生长协调，瓜长 24～26 厘米、粗 6 厘米，圆柱形，皮色翠绿，光泽亮丽，商品性极佳，产量高，适于北方日光温室越冬、早春塑料拱棚及秋延后保护地栽培，也可用于南方露地种植。

(43) 冬玉 是法国太子公司继纤手西葫芦品种后推出的极耐寒越冬栽培的专用品种。植株长势旺盛，雌性率高，每叶一瓜，瓜长 22 厘米、粗 5～6 厘米，颜色嫩绿，光泽度特好，品质佳；瓜条粗细均匀，商品性好，中偏早熟，抗病性强，采收期长，是日光温室越冬茬栽培专用品种。可以周年生长，前期耐热、抗病毒病，深冬长势强劲，后期不早衰，6 月末可正常生长，植株不分枝，平均单株叶片可达 80 片，平均单株连续坐果达 30 个以上，瓜秧长度达 3 米，亩产 15000 千克左右。

(44) 百利 是法国太子公司继冬玉之后专门为中国市场培育的耐寒越冬型高产优质新品种。该品种突出特点为耐寒、瓜条长、颜色好、产量高，其植株长势旺盛，整齐度好，坐瓜多，瓜长 22～24 厘米、粗 6 厘米，平均单瓜重 350 克，圆柱形，表皮浅绿色，光泽亮丽，易运输、耐存放，商品性好，品质佳；植株叶片中等大小，中绿色，节间短，茎秆粗壮，长秧和膨瓜协调，采瓜期长，产量高，容易管理；抗病、抗逆能力强，每株可采果 30 个以上，亩产达 15000 千克左右。

(45) 黑美丽 从国外引进的优良早熟杂种一代。植株矮生，喜肥水，以主蔓结瓜为主。瓜长棒形，粗细均匀，瓜皮墨绿色，有光泽，营养丰富，品质好。以食用 150～500 克的嫩瓜为主，可作为特菜供应市场。其抗逆性及抗病性较好，适应低温弱光环境。一般保护地每亩定植 1500～1800 株，每株可采收嫩瓜 10 余个、老瓜 2 个，单瓜重 1.5～2 千克，每亩产量 5000 千克以上。日光温室栽培可进行吊蔓，以主蔓结瓜为主。施足底肥，注意追肥，及时采收，注意进行人工辅助授粉。适宜我国各地冬春季各类保护地及春露地早熟栽培，也可在秋季栽培。

(46) 碧浪 从荷兰引进的杂交一代西葫芦种。早熟品种，成熟期 50～55 天，果实棒槌形，长约 24～26 厘米，浅绿色，果肉为乳白色，质量佳。果皮光滑，产量高，抗病性好，近几年来在山西、河南等地种植反映非常好。

(47) 曼谷绿 1、2 号 从泰国引进的新一代高产、极早熟杂交西葫芦品种，同比早青一代早熟七天以上，且前期结瓜多而集中，一叶一瓜，嫩瓜皮色绿白，瓜条顺直，瓜形极美观，嫩瓜风味清香，商品性极佳。该品种白花叶，叶柄中长，较上举，株型紧凑，适合密植。

(48) 金光　引自以色列的黄皮品种。该品种蔓粗壮，基本不生侧蔓，节间 3～4 厘米，叶柄 20～25 厘米，叶片厚大。定植后 30 天左右，第 5～6 节（蔓长 20 厘米左右）开始出现第一雌花。果实棒状带棱，瓜条顺直，尖削度小。果皮金黄明亮，果肉亮黄色，瓜形美观，色泽艳丽，品质嫩脆，可炒食、凉拌生食，很受消费者欢迎。雌花授粉后 7～10 天果实达 200 克，可采摘生食，株产瓜 10～15 个，单株产瓜质量为 2～3 千克，每亩产量 3000～4000 千克。若以采收嫩果为主，单株结瓜 7～8 个，株产 4～5 千克，每亩产量 5000～6000 千克。

(49) 金皮　韩国品种。适于日光温室栽培，耐寒，抗病。生长势较强，结瓜性状好。叶片缺刻深，颜色深绿。果实有光泽，金黄色，果肉黄白色。瓜长 25～30 厘米，横径 4～5 厘米，质脆味香，品质独特。每亩产量 6000 千克左右。适宜在冬暖式大棚中栽植生产，产量高，供应周期长，元旦前后即可上市。

(50) 金珊瑚　瑞士先正达种子有限公司育成的 F1 代品种。早熟，丰产。果实为金黄色，瓜条直，圆柱形，果柄绿色，果实长达 25 厘米，直径 5 厘米，单瓜质量 400 克左右。株型直立，节间短。每亩产量可达 7000 千克。适于保护地和露地栽培。

(51) 京葫 1 号　北京市农林科学院蔬菜研究中心育

成。极早熟，植株矮生，主蔓结瓜，侧枝少。瓜长棒形，浅绿色。极耐白粉病。每亩产量 6000～7000 千克。适宜华北等地保护地栽培。

(52) 京葫 2 号 北京市农林科学院蔬菜研究中心育成。早熟，植株矮生，长势强。主蔓结瓜，侧枝少。瓜长棒形，深绿色。抗逆性、抗病性强。每亩产量 7500 千克以上。适宜华北等地保护地栽培。

(53) 京葫 3 号 北京市农林科学院蔬菜研究中心育成。特早熟。一般第一雌花着生于主蔓第 5～6 节。在低温弱光下连续结瓜能力强。瓜长棒形，浅绿色。每亩产量 6000～7000 千克。适宜华北等地栽培。

(54) 京葫 5 号 中早熟，长势稳健，株型好，抗病性强。雌花率高，膨瓜快，易坐瓜，产量高。果实棒槌形，瓜长 20～22cm、粗 6～7cm，翠绿色，光泽度好，耐贮运。适合北方早春拱棚、高海拔冷凉露地和南方露地栽培。

(55) 京葫 8 号 早熟，长势中，株型好。耐低温弱光。坐瓜能力极强，产量高。翠绿细纹，长筒形，长 22～24 厘米，粗 5～6 厘米。光泽度好，商品性佳。适合南方冬、春露地，北方早春大棚、秋延后露地种植。

(56) 京葫 12 号 中早熟，长势强劲，株型半开展。耐低温弱光。连续结瓜能力强，产量高。瓜为浅绿色细花纹，长筒形，长 22～25 厘米，粗 5～6 厘米。光泽亮丽，商品性好。适合北方冬季温室、早春大棚，南方冬、春露地种植。

(57) 京珠 矮生，长势强。早熟，第 6～7 节上开始结瓜。雌花多，连续结瓜能力强，亩产 6000 千克左右。瓜为亮绿色，近圆球形，商品性佳，较抗白粉病。

(58) 玉珠　长势强。早熟，雌花多，连续坐瓜能力强，亩产 7000 千克左右。瓜为翠绿色，圆球形，商品性佳，较抗白粉病。

(59) 京香蕉　国家蔬菜工程技术研究中心、北京市农林科学院蔬菜研究中心选育的高档特色西葫芦品种。比国外同类型品种早熟。直立丛生，生长健壮。果实金黄色，光泽度好，外观漂亮，长圆筒形，果长 20~25 厘米，果径 4~5 厘米，收获期长，产量高。适合各种保护地栽培。

(60) 京碧　特色西葫芦品种，中早熟，生长健壮。果实油绿色，光泽度好，外观漂亮，长圆筒形，果长 23~25 厘米，果径 4~5 厘米，收获期长，产量高。适合各种保护地栽培。

(61) 京葫 CRV3　北京农林科学院蔬菜研究中心选育的高耐病毒病杂交一代西葫芦新品种。该品种早熟，植株长势强，茎蔓长。第一雌花着生在第 6~7 节，瓜码密，连续坐瓜力强。商品瓜浅绿色带细网纹，光泽度好，中长柱形，瓜长 22~24 厘米、直径 7~8 厘米，顺直均匀。单瓜质量 400 克左右，每亩产量约 6500 千克。植株耐寒、耐热性均好，不易早衰，适应性广，耐病毒病。适合南北方春、秋大棚和露地种植。

(62) 翡翠 2 号　北京农林科学院蔬菜研究中心选育的杂交一代西葫芦新品种。茎蔓长度中等，连续坐瓜力强。瓜浅绿色，中长柱形，顺直均匀，光滑亮丽。抗白粉病、病毒病和枯萎病。产量表现：在 2008～2009 年多点试验中，平均亩产 7063 千克。

(63) 京葫 3 号 北京京研益农科技发展中心培育的设施西葫芦杂交一代新品种。特早熟，矮生。第 5～6 节开始结瓜，抗寒、耐弱光性强，瓜码密，几乎节节有瓜。浅绿色网纹瓜，有光泽。长圆柱形，果形均匀，商品性好。

(64) 京莹 早熟一代杂交种。植株第 5 节出现第一雌花，定植后约 25～30 天采摘，瓜码密。雌花率大于88％，亩产 6000～7000 千克左右。瓜条顺直，圆柱形，无瓜肚，瓜皮浅绿色，微泛嫩黄，光泽度特别好，商品性极佳。抗白粉病。低温下连续结瓜能力强，不易早衰，特适合保护地栽培。

(65) 中葫 1 号 中国农业科学院蔬菜花卉研究所育成的早熟一代杂交种。植株矮生，以主蔓结瓜为主。主要食用嫩瓜，品质好。一般以 150～200 克为采收标准。抗逆性较强，早熟性好，坐瓜多，节成性强，前期产量高。每亩产量 5000 千克以上。每亩种植 1500 株左右。开花结果期环境最低温度不得低于 13℃，否则易出现畸形瓜。适于我国各地日光温室和大、中、小棚及露地早熟栽培。

(66) 中葫 2 号 中国农业科学院蔬菜花卉研究所育成的早熟一代杂交种，亦称香蕉西葫芦。植株矮生，主蔓结瓜，侧枝稀少。瓜条长筒形，皮色金黄，单瓜质量150～300 克。以采收嫩瓜为主，可以生食，在节日期间可作礼品菜供应市场。第一雌花出现在第 10 节左右，谢花后 1 周，当瓜长至 15 厘米以上、单瓜重 100～250 克时即可采收。由于坐瓜多，应及时采收。该品种抗逆性强，抗病性好。平均每亩产量 3000 千克以上。保护地每亩定植1500～1800 株。日光温室栽培可进行吊蔓，以主蔓结瓜为主。施足底肥，注意追肥，及时采收，注意进行人工辅助授粉。华北地区秋季播种应于 10 月下旬以后进行，否则易出现"化瓜"现象。适于全国各类保护地冬春季栽培。

(67) 中葫 3 号　中国农业科学院蔬菜花卉研究所育成，2001 年通过北京市农作物品种审定委员会审定。早熟西葫芦品种，第一雌花着生于第 5～6 节，平均 1.5 节出现 1 个雌花，节成性高。植株长势较旺，矮秧类型。主蔓结瓜，侧枝稀少。瓜长棒形，瓜皮白色。可采收嫩瓜食用，单瓜重 250～500 克。对病毒病及白粉病的抵抗能力强于早青一代。耐低温、弱光性较强。每亩产量 5000 千克左右。适宜全国各地保护地及春露地种植。

(68) 白玉扶飞碟瓜　中国农业科学院蔬菜花卉研究所育成的早熟一代杂交种。植株矮生，第一雌花出现在第 7 节左右。节成性强，可连续采收。商品瓜一般直径在 10 厘米左右，但也可在谢花后3～5 天采收 4 厘米左右的小瓜上市。嫩瓜炒食、生食均可。主要作特菜供应市场。保护地长季节栽培，若以采收 10 厘米左右的嫩瓜为主，每亩产量一般为 3000 千克以上。苗龄 20～25 天，每亩种植1500 株左右。适宜各类保护地冬春季种植。

(69) 玉女　甘肃省农业科学院育成。早熟，生长势中等。第一雌花着生于主蔓第 5～7 节，连续结果性好。瓜圆柱形，瓜皮淡绿色。开花时瓜长 18～20 厘米、横径

5～7 厘米, 开花后 10 天即可采收。一般每亩产量 6000～8000 千克。甘肃省内各地春季露地地膜覆盖栽培于 3 月下旬至 4 月中下旬直播; 保护地栽培 3 月上中旬育苗, 4 月底至 5 月上中旬定植。株距 50 厘米, 行距 80 厘米, 每亩定植 1600～1800 株。坐瓜期加强肥水, 及时采收。注意进行人工授粉。

(70) 如意 该品种长圆柱形, 嫩瓜浅绿色, 有光泽。单瓜重 300～350 克。植株较小, 每株留 4～7 个瓜, 茎蔓节间短, 分枝性弱, 适宜密植栽培。产量高, 瓜码密集, 整齐顺直。主蔓第 4 节着生第一雌花, 以后每节有瓜。果肉肉质细嫩, 风味好, 品质佳。播种后 40 天左右即可采收嫩瓜, 是早春保护地和露地栽培的理想品种。

(71) 翠玉 中国种子集团公司育成。植株矮生, 株型矮小, 节间短, 适宜密植。早熟种, 长势强, 结瓜性能好, 可同时结瓜 2～3 个。前期结瓜性好且集中, 瓜条生长速度快, 产量高。嫩瓜皮色浅白偏绿, 瓜皮表面滑润, 有光泽, 品质佳, 口感脆嫩。抗病毒病及白粉病。平均每亩产量 6000 千克。适宜全国各地保护地及露地栽培。

(72) 金浪 中国种子集团公司从美国引进独家经销的优良杂交种。植株生长势强, 丰产, 果色金黄, 外形美观。果实长棒形, 果皮平滑, 有蜡质, 果肉白嫩。植株较开放, 利于采摘, 出苗后 49 天即可采收上市, 适宜采收长度 18～20 厘米。适合中国大部分地区种植, 既可在露地栽培, 也可在保护地栽培。

(73) 春玉 2 号 西北农林科技大学园艺学院蔬菜花卉研究所, 以从韩国引进的一个白皮西葫芦 (代号 014)

材料中选出的稳定自交系 007 太-30-1-1 为母本、以从美国引进的一个深绿色皮西葫芦（代号 9505）材料中选出的稳定自交系 9505 青-2-3-3-6 为父本选育而成的早熟一代杂交种。该品种属矮生类型，生长势强，瓜形长棒状，瓜皮浅绿色，瓜长 26～30 厘米，瓜粗 8 厘米左右。一般保护地栽培产量为 5000 千克左右。已在陕西、甘肃、河北等地推广种植。

（74）吉美　台湾农友种苗公司培育。属矮生品种类型。该品种茎蔓粗壮，节间短，蔓长 1 米左右。一般在播种后 1 个月左右即开始结果，属于特早熟类型。结果多，嫩果果皮金黄色，艳丽醒目，果形为短棍棒状，单果质量 200 克左右。果肉白色，脆嫩细腻。属于外形美、品质好的优质西葫芦品种。

（75）雪峰西葫芦 2 号　中日合资南湘（湖南）种苗有限公司培育。早熟，全生育期 110 天，果实发育期 7～15 天，抗病性、耐寒性、耐热性强，耐贮性一般。果形长棒形，果皮黄色，果肉淡黄色，质脆嫩。果肉厚 1.5 厘米，果长 15 厘米，果径 5.5 厘米，单果质量 400 克，每亩产量 5000 千克以上。

（76）天葫 1 号　新疆石河子蔬菜研究所选育的一代杂交种。属早熟品种，春季大棚栽培从播种到商品果采摘需 50 天左右，夏季露地种植从播种到商品果采摘需 36 天左右。植株生长势较强，叶形较大，9～11 片叶后叶片的叶缘中度裂开，叶片近叶脉处有银白色斑点，茎蔓节间短，无侧蔓，株型紧凑。第一雌花节位在第 5～6 节，雌花多，坐果性好，单株坐果率高，坐果期长，保护地栽培一般每亩产 6000 千克以上。嫩瓜皮色为浅绿色，底覆绿网，光泽度好，长度适中，外形美观，商品性好。较抗白粉病、枯萎病。

(77) 青葫 1 号　青海省农林科学院园艺研究所选育的早熟西葫芦一代杂交种。矮蔓生，第一雌花节位为第 5～6 节。瓜条顺直，长棒形，平均纵径 28.75 厘米，横径 7.27 厘米，皮色墨绿，单瓜质量 670 克左右，连续结瓜能力强，成瓜率高，商品性好。每亩平均产量达 4100 千克以上，高产田每亩产量可达 5300 千克以上。西宁地区从播种到采收 50 天左右，采收期比对照早青一代早 10 天左右，全生育期 120 天左右。田间对白粉病的抗性强于对照早青一代。适宜在青海省各地温室周年栽培，以及海拔 2900 米以下地区露地越夏栽培。

(78) 珍玉 35　河南豫艺种业选育的一个高抗病毒病的西葫芦品种。该品种长势旺盛，株型紧凑，早熟，结果能力强。幼果嫩绿有光泽，瓜长 22 厘米左右，果柄短，单瓜质量 400～600 克。"珍玉 35"的突出优点是膨果速度快，瓜形圆润，抗病毒病能力强，丰产高产。该品种适于春大（小）拱棚、秋露地、秋大棚及高山栽培。

(79) 一窝猴　地方品种。茎蔓短，节间密，分枝多。叶片三裂心脏形，叶缘浅裂，深绿色。主蔓 5～6 节开始结瓜，以后连续 7～8 节着生雌花，一般栽培单株结瓜 3～4 个。瓜长筒形，顶部丰圆，脐部稍凹陷，表面有 5 条不甚明显的纵棱。瓜皮墨绿色，有细密网纹。肉质鲜嫩，纤维少，品质佳。较耐寒，早熟种。

(80) 无种皮西葫芦　种子无种皮，是以种子供食用的专用品种。植株蔓生，蔓长 1.6 米，第一雌花着生于第7～9 节，以后隔 1～3 节再出现 1 朵雌花。瓜圆柱形，嫩瓜可以做菜用。老熟瓜呈橘黄色，单瓜重 4～5 千克。每100 千克种瓜能采 1.5 千克种子。种子灰绿色，无种皮，千粒重 185 克。种子炒食不吐壳，也可直接做糕点。

(81) 特早秀 极早熟，播后 38～40 天即可采摘27%以上的嫩瓜，是目前国内最早熟的品种。瓜条顺直，皮色浅绿、光亮，商品性好。抗病，高产。植株第 4～5 节出现第一雌花，定植后约25～28 天采摘，连续结瓜性强，瓜码密，坐果率高，耐高温，抗病，丰产。亩产 6000～6500 千克左右。

(82) 金榜 最新育成的金榜 F1 代西葫芦品种。其双亲分别来自美国和韩国。植株为短蔓矮生型，适于大棚、日光温室密植栽培。早熟，播种后 45 天左右可采收嫩果上市。果实发育期间开雌花后 7～10 天、嫩果质量 250～500 克即可采收。果实长棒形，实心，皮色金黄、鲜艳、美观，果肉细、脆嫩，品质、风味极佳，可生食（凉拌）做沙拉或炒食。单株结果可达 6～10 个，株产 3～5 千克，每亩产量 4000 千克以上。综合性状优于进口品种。

第四章

西葫芦育苗技术

1. 西葫芦育苗主要有哪些设施？

(1) 冷床 又称阳畦，是不用加温只防风的保温设备。一般在背风向阳的地方建造，白天靠阳光升温，夜间靠塑料薄膜、覆盖物保温。阳畦北面架设风障。阳畦设备简单、成本低，主要用于春季地膜覆盖栽培和露地栽培育苗。

(2) 温床 常用的温床有两种：一是马粪酿热温床，它通过微生物的活动，将马粪及其他酿热物分解放热，从而提高苗床温度，此温床设备简单，成本低；二是电热温床，它是利用电热线通电后进行苗床加温，可实行苗床的温度控制，升温快，限制因素少。温床多用于早春小拱棚保护栽培。

(3) 温室 分为加温温室和日光温室两大类。加温温室靠炉火、地热等热源提高温室内温度，是性能最好的育苗设施，即使在冬季也能创造适宜的温度条件。但是其造价和育苗成本较高，生产上应用较少。日光温室是靠日光加温、塑料薄膜保温的温室。这种温室造价低、密闭性和保温性能好，在不加温的情况下，可用于早春塑料薄膜大棚、中棚等保护地栽培。

（4）遮阴棚 一般在夏秋高温多雨季节用于塑料薄膜大棚秋延后茬以及日光温室秋冬茬西葫芦栽培育苗。通常在育苗畦上搭小拱棚，上覆苇帘或遮阳网遮阴降温，下雨时覆盖塑料薄膜防雨。

2. 西葫芦育苗主要有哪些护根措施？

（1）营养土块 营养土块的制作方法有手工切割法、方格压制法和机械制作法。手工切割法不需额外投资，应用较多。制作时，将配置好的营养土平铺在苗床内，厚度8～10厘米，稍压实后浇透水，将畦面抹平，再用长把刀等利器切成8～10厘米的方块，切缝中撒入少量细砂。每个营养土块的中央挖播种孔。

泥炭营养块（图4-1）又称压缩式一体化育苗营养钵，是国家"九五"科技攻关项目和中国科学院知识创新重大项目的科技成果，并获若干国家专利。它是采用低位草本泥炭为基本原料，配加多种功能助剂，采用特殊工艺制备成的专用于各类作物育苗的新型基质。它将传统育苗过程中的准备床土、调节酸度、添加肥料、防治病虫、控制水气平衡等繁复操作过程通过工业化手段直接固化为营养基

图 4-1　用泥炭营养块育苗

压缩饼块，无须用户自行配制基质，也不需要外置容器，用户使用时，只要对基体补水，即可膨胀回弹至疏松多孔状态，然后向预制的种穴里播种或分入小苗，种子和小苗在基体里萌发、成苗后带基移栽进入定植田。容器规格为直径 4.5～12 厘米、高度 3.6 厘米。

（2）塑料营养钵　目前我国生产的塑料钵多为圆柱体，一般上口径 6～10 厘米，高 8～12 厘米，应根据秧苗种类和大小选用。一般塑料钵规格以上口径 8～10 厘米、高 10～12 厘米为宜。

（3）穴盘　多由塑料制成，一般塑料穴盘的尺寸为 54 厘米×28 厘米，一个穴盘可有 50 个、72 个、128 个、200 个、288 个、400 个、512 个育苗孔。一般西葫芦育苗多采用 50 穴或 72 穴穴盘。

3. 西葫芦常规育苗营养土如何配制和消毒？

由于西葫芦根系好氧性强，营养土要求疏松肥沃，保水保肥能力强。营养土主要由田园土和有机肥构成，田园土应采用多年没种过瓜类作物的无菌肥沃土壤，有机肥要求充分腐熟。田园土和腐熟有机肥配制比例可根据田园土性质、有机肥种类确定，一般为 4∶6。为保证幼苗生长所需养分，每立方米营养土再掺入 300～500 克尿素和 1～2 千克过磷酸钙或多元复合肥。配好后的营养土用 50% 多菌灵可湿性粉剂 800 倍液消毒。

4. 西葫芦常规育苗播种前如何进行种子处理？

（1）选种　根据当地生态条件和市场需求选定品种，对所购种子进行检查和选种。检查包装（是否完整）、种子质量标识、制种单位等。打开种子包装后，要检查种子大小、颜色、形状、整齐度、饱满度等是否符合本品种的种子特征。不符合的去除，再通过水选法淘汰浮在水面的不充实的种子。最好在购买时索要购种单据，以备种子出现质量问题后作为处理凭证。还应注意种子的贮藏时间，西葫芦种子在常温条件下贮藏年限为 2～3 年，最好选购贮藏时间不超过 3 年的种子。

（2）晒种　晒种是在播种前选择晴朗的天气，在上午 9 点至下午 3 点，在太阳下曝晒 1～2 天。它的作用是改善种子的吸水性和透气性，对种子消毒，提高种子的发芽率，使种子发芽整齐一致。

（3）种子消毒 种子消毒方式主要有以下 3 种：

① 温汤浸种 将种子浸入 55℃ 热水中（两份开水兑一份凉水）并不断搅动，保持 55℃ 水温 15 分钟之后，使水温自然降低，再继续浸种 6～8 个小时。这种方法能杀死种子表面的病菌，也可钝化病毒。

② 热水烫种 用 75℃ 热水烫种。烫种时，热水来回倾倒，直到使水温降低为 55℃ 时改为不断搅拌，保持水温 7～8 分钟。后与温汤浸种相同。

③ 药剂消毒 可在浸种后进行：50％ 多菌灵可湿性粉剂 500 倍液浸种 1 小时或 40％ 福尔马林 100 倍液浸种 20～30 分钟，可防治炭疽病和枯萎病。2％～4％ 漂白粉溶液浸泡半小时，可杀死种子表面的细菌。10％ 磷酸三钠或 2％ 氢氧化钠浸种 15～20 分钟，可钝化种子表面附着的病毒。另外，还可用代森铵、高锰酸钾、1％ 硫酸铜等药液。药液浸种必须严格掌握浓度和浸种时间，种子浸入药水前，应先在清水中浸泡 3～4 小时。药液浸种后，用清水反复冲洗种子直至无药味。

（4）浸种 浸种要结合种子消毒进行，也可单一使用。将种子在 25℃ 左右的温水中浸泡，浸种时间以 6～8 小时为宜。浸种过程中应搓洗种子并换水一次，将其表面的黏液洗净，有利于种子萌发。

（5）催芽 将种子用湿毛巾或纱布包住，置于 28～30℃ 条件下催芽，每隔 6～8 小时用 25℃ 清水淘洗 1 次。1～2 天后大部分种子露白时即可播种。

5. **西葫芦常规育苗如何播种？**

（1）播种期的确定　西葫芦秧苗生长较快，育苗期不宜过长。一般 25～30 天可育成 3～4 片真叶的秧苗，适于露地定植，35～40 天可育成 4～5 片叶的保护地用苗。根据育苗期的长短和定植时间即可推算出适宜的播种期。

（2）播种　选晴天上午进行。播种时，先将营养钵浇透水。待水渗下后，点播，播后覆土约 1.5 厘米厚。播完用地膜覆盖，四周密封保墒。

6. **西葫芦常规育苗如何进行苗期管理？**

（1）温度管理　播种后，苗床温度掌握"前期高温催芽、中期适中降温、后期增温"的原则。播种到出苗，设法提高苗床温度，白天充分见光，夜间覆盖草苫。白天温度保持 25～30℃，夜温 13～15℃，土温 18℃以上为宜。当白天温度高于 35℃时揭开苗床两头薄膜放风降温。

芽子拱土到第一片真叶出现，揭去覆在苗床表面的薄膜，并适当降温，白天温度 20～25℃，夜温 10～12℃，地温降至 17～18℃，以防幼苗徒长。

第一片真叶展开到定植前一周，苗床温度可以适当提高，控制水分，增强光照。白天 25～28℃左右，夜间 15～20℃。定植前一周要进行"炼苗"，即低温锻炼。白天苗床温度控制在 15～20℃，夜间控制在 12～14℃，方法是揭膜通风。在晴天当床内温度高于 35℃时，不要突然大通风，以防闪苗，应逐渐增大通风量。如果出现闪苗，应及时喷水，盖上地膜。

（2）水分管理 西葫芦幼苗对水分反应敏感，育苗前期要严格控制浇水，在浇足地墒水的条件下，出苗前一般不浇水，如果土壤十分干燥，可以用喷壶淋水，保持一定湿度，以利出苗。出苗到第一片真叶展开，严格控制水分。低温高湿容易诱发猝倒病或沤根。育苗中期，要适量浇水；育苗后期，要少浇水以控制秧苗生长，使叶子表面明显地出现白粉，增强其健壮度。定植前 5～6 天应停止浇水，控制幼苗生长，提高幼苗的适应性。

（3）光照管理 光照直接影响幼苗的生长速度和植株质量，光照不足，则幼苗细弱。育苗期间在保证温度的前提下应尽量增强光照。苗床的薄膜应选用透光率高的薄膜，并注意随时清除上面的污染物和水滴等，保持薄膜清洁。草苫等不透明覆盖物早揭晚盖，每天维持 8～10 小时光照，以利生长。

（4）摘帽、覆土 "带壳"出土是西葫芦育苗常有的现象，为防止"带壳"出土，芽子顶土时可再覆一次湿土。

（5）苗床施肥 在营养土肥力充裕的条件下，可以不施。如果发现幼苗叶色浅、长势不壮，可以结合防病喷施 0.3％尿素、0.2％磷酸二氢钾作为叶面追肥。

（6）定植前秧苗锻炼 在定植场地与育苗场地环境条件不同时，为使秧苗定植后适应栽培场地的环境条件，定植前 7～10 天应进行低温锻炼。具体方法：逐渐加大放风，白天苗床内温度控制在 20～25℃，夜间在不遭受霜冻的前提下保持在 5～10℃。定植前4～5 天应进行移位囤苗，把营养体重新排稀，避免秧苗互相拥挤而造成徒长。

7. **西葫芦常规育苗的壮苗标准是什么？**

西葫芦壮苗标准为日历苗龄 30～35 天，株高 8～10 厘米，茎粗 0.5～0.6 厘米，三叶一心，叶色深绿，大叶片长度 13～15 厘米，叶柄长度略短于叶片长度。

8. **西葫芦嫁接育苗如何培育砧木苗？**

将黑籽南瓜种子放入 70℃热水中，不断搅拌，待水温降至 30℃左右时，停止搅拌，静置浸种 9～10 小时后，搓掉种皮上的黏液，并用清水冲洗干净，稍晾干后用干净的湿纱布或湿毛巾包好，放于瓦盆或其他容器内置 25～30℃温度下催芽。大部分种子发芽时播种于砧木苗床。播种方法因所采用的嫁接方法不同而不同。用靠接法时，应把砧木种子播于育苗箱或育苗盘内；而插接法应把砧木种子播于育苗床的营养钵或营养土方中央。播种后覆土厚 1.5～2.0 厘米，播种后温度白天保持 28～30℃，夜间 18～20℃。幼苗出土后降温，白天保持 20～25℃，夜间 15～18℃。两片子叶展平时开始嫁接。

9. **西葫芦嫁接育苗如何培育接穗苗？**

经温汤浸种、催芽后播种于育苗箱。靠接法接穗可与砧木同时播种；插接法接穗应比砧木晚播种 2～3 天。两片子叶展平、真叶显露时开始嫁接。苗期管理同常规育苗。

⑩. 西葫芦嫁接育苗技术主要有哪些方法？

（1）靠接法 西葫芦嫁接多采用靠接法。该法嫁接的适宜时期是砧木（黑籽南瓜）和接穗（西葫芦）两片子叶展平、第一片真叶显露时。嫁接一般在播种后 13～15 天。嫁接前应准备好刀片、竹签、嫁接夹、水等。

嫁接时，先将砧木和接穗幼苗小心带根挖出，用清水冲洗干净，分别用湿布包上备用。取砧木（黑籽南瓜）幼苗，用刀片剔去真叶和生长点，再在两子叶下方 0.5 厘米处自上而下呈 40°角切一斜向切口，深度达胚茎粗度的 2/3，切口斜面长 0.8～1.0 厘米；再将接穗（西葫芦）幼苗从子叶下方 1.5 厘米处，自下而上呈 30°～40°角斜切一刀，深度达茎粗的 1/2～2/3，长度和深度与砧木切口相同。然后将砧木和接穗的两个切口嵌合在一起，并使西葫芦的子叶略高于砧木的子叶形成十字交叉，用嫁接夹固定接口，或用 1 厘米宽、5～6 厘米长的塑料薄膜条扎好，以曲别针固定。嫁接后立即栽植到营养钵内，并注意使两株苗根部分开，以便以后断根。浇水后摆放于嫁接苗床（图 4-2）。

靠接法虽然较费工，但成活率高，生产上广泛采用。

（2）插接法 嫁接适期为接穗子叶全展，砧木子叶展

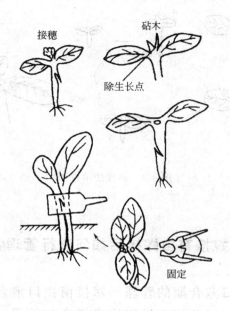

接穗

砧木

除生长点

固定

图 4-2　靠接法示意图

平、第一片真叶显露至初展。嫁接时先将接穗苗从苗床起出，在子叶下 0.8～1.0 厘米处用刀片斜切成楔形，切口长 0.6 厘米左右；然后取带营养土方或钵的砧木（黑籽南瓜），将真叶及生长点剔去后，用与接穗茎粗相同的竹签，从一侧子叶基部向对侧斜插下 0.3～0.5 厘米，注意竹签不应插破茎表皮，也不要插入髓腔，拔出竹签后将接穗迅速插入插孔中，并使接穗的两片子叶同砧木的两片子叶呈十字形（图 4-3）。

　　插接法操作简单，且成活后不用断根，但由于嫁接后对环境条件要求严格，如果管理不当成活率较低。

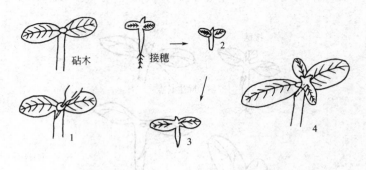

砧木　接穗

图 4-3　插接法示意图

11. 西葫芦嫁接育苗嫁接后如何进行管理？

（1）接口愈合期的管理　嫁接苗接口愈合的好坏、成活率的高低，以及能否发挥抗病增产的效果，除与砧穗亲和力、嫁接方法和操作人员技术熟练程度有关外，还与嫁接后的环境条件及管理技术有直接关系。特别是接口愈合期的环境条件及管理技术对嫁接苗的成活具有决定性作用。因此嫁接后应精心管理，创造良好的环境条件，促进接口愈合，提高嫁接苗的成活率。

冬春季苗床应设置在日光温室、塑料薄膜拱棚等保护设施内，苗床上还应架设塑料小拱棚，并备有苇席、草帘、遮阳网等覆盖遮光物。若地温低，苗床还应铺设地热线，以提高地温。秋延后栽培的蔬菜，苗期处于炎热的夏季，幼苗嫁接后，应立即移入具有遮阴、防雨、降温设施的苗床内，精心管理。

① 温度管理　西葫芦嫁接苗愈合的适宜温度为白天

25～28℃，夜间20℃左右。温度过高或过低均不利于接口愈合，并影响成活率。嫁接苗在15℃低温条件下，则推迟1～2天愈合，成活率下降5％～10％；嫁接苗在32℃以上高温条件下，愈合缓慢，成活率降低15％以上。因此，早春低温期嫁接，应采取增温保温措施；夏季高温期嫁接，则应采取降温措施。特别是嫁接后3～4天内，温度应控制在适宜范围内。一般嫁接后8～10天，幼苗成活后，会恢复常规育苗的温度管理。

② 湿度管理 一般嫁接后1周内，空气湿度应保持在95％以上。采取的措施是嫁接后立即向苗钵内浇水，并移入充分浇水的小拱棚内，且严格密封。注意冬天浇温水，夏天浇凉水，并向拱棚内喷雾，使棚内空气湿度接近饱和状态，以后每天向棚内喷雾2～3次。7天后应逐渐通风放湿。

③ 光照管理 为了防止高温和保持苗床湿度，一般前3天要遮住全部直射光，但要保持小拱棚内有散射光，利用清晨太阳出来前或傍晚太阳下山后的一段时间，揭去覆盖物让苗接受弱光，避免西葫芦砧木因光饥饿而黄化，继而引起病害的发生。3天后，早、晚除去遮阴物，让嫁接苗接受弱光照射约1小时，以后逐渐延长光照时间。7天后只在中午强光下短时遮阴。待接穗第1片真叶全部长出，可彻底揭去遮阴物，对嫁接苗进行常规光照管理。

（2）接口愈合后的管理 此阶段是培育壮苗的关键时期，苗床的管理与常规育苗基本相同，但要注意以下环节：

① 分级管理 蔬菜嫁接苗在适宜的温度、湿度、光

照条件下，一般经过 7～12 天接口完全愈合，嫁接苗开始生长，但由于嫁接时砧木的粗细、大小以及接穗大小不一致，成活后秧苗质量有一定的差别，需进行分级管理，使秧苗生长一致，提高好苗率。

② 断根 采用靠接法、大苗带根顶插法嫁接，嫁接苗成活后，需对接穗及时断根，使其完全依靠砧木生长。一般在嫁接后 10～12 天断根。断根后应适当提高温度、湿度并遮光，促进伤口愈合，防止接穗萎蔫。

③ 去除固定物 多数嫁接方法需要固定物固定接口，嫁接苗成活后，接口固定物应及时解除。但解除太早，易使嫁接苗特别是靠接法的嫁接苗在定植时因搬动从接口处折断；解除太晚，固定物的存在会影响根茎的生长发育。所以应根据具体情况适时取出固定物。劈接和顶插接的一般成活后一周去固定物，靠接的可适当推迟，甚至定植后再去除，但应以不影响幼苗生长为前提，否则应及早去除。

④ 除萌 及时除去不定芽。这项工作约在嫁接 5～7 天后进行，除萌时不要切断砧木的子叶。

⑤ 低温锻炼 嫁接苗成活后管理同常规育苗，定植前 7～10 天也要进行低温锻炼，逐渐增加通风，降低苗床温度，以提高嫁接苗的抗逆性，使其定植后易成活。

12. 电热温床育苗需要哪些设备？

（1）电加温线 目前市场出售的电加温线的工作电压多为 220 伏，型号及参数见表 4-1。

表 4-1　常见电加温线的型号及参数

种类	生产厂家	型号	功率/瓦	长度/米
土壤电加温线	营口市农业机械化科学研究所	DR208	800	100
	上海市农业机械研究所	DV20406	400	60
		DV20410	400	100
		DV20608	600	80
		DV20810	800	100
		DV21012	1000	120
	宁波市鄞州大嵩禽牧设备厂	DP22530	250	30
		DP20810	800	100
		DP21012	1000	120
空气加热线	上海市农业机械研究所	KDV	1000	60
	宁波市鄞州大嵩禽牧设备厂	F421022	1000	22

（2）控温仪　控温仪是电热温床用以自动控制温度的仪器，它能自动控制电源的通断，以达到控制温度的目的。部分控温仪的型号及参数见表 4-2。

表 4-2　控温仪的型号及参数

型号	控温范围/℃	负载电流/安培	负载功率/千瓦	供电形式
BKW-5	10～50	5×2	2	单相
BKW	10～50	40×3	26	三相四线制
KWD	10～50	10	2	单相
WKQ-1	10～50	5×2	2	单相
WKQ-2	10～40	40×3	26	三相四线制
WK-1	0～50	5	1	单相
WK-2	0～50	5×2	2	单相
WK-10	0～50	15×3	10	三相四线制

一般电加温线和控温仪均有专门的生产厂家。上海市

农业机械研究所生产的电加温线和 WKQ-1 型控温仪，目前应用较多。

13. 电热温床如何铺设？

(1) 床基的制作 电热温床的场地选择对电能的利用影响很大，为节约电能，电热温床的床基应设在有保护设施的场地，如日光温室、阳畦等。在日光温室中制作电热温床，床基也应设在日光温室的中后部温光条件较好的位置。

选好床基位置后，根据苗床面积，将畦中表土挖出 18 厘米，堆放在畦外一侧，整平床底，然后铺 5 厘米厚的隔热材料（锯末等），隔热材料上盖一层塑料薄膜，塑料薄膜上压 3 厘米厚的床土，用脚踩一遍，耧平，待铺电加温线。

(2) 电加温线的布线

① 功率密度的选定 电热温床的功率密度是指每平方米铺设电加温线的功率，用瓦/米^2 表示。功率密度越大，则苗床升温越快。功率密度太大，升温虽快，但增加设备成本及缩短控温仪的寿命；功率密度太小，又达不到育苗所要求的温度。适宜的功率密度与设定地温和基础地温有关。设定地温为育苗所要求的人为设定的温度，一般指在不设隔热层条件下通电 8～10 小时所达到的温度。基础地温为在铺设电热温床未加温时的 5 厘米土层的地温。电热温床适宜的功率密度见表 4-3，如设有隔热层，其适宜功率密度可降低 15％。

表 4-3　电热温床适宜的功率密度（单位：瓦/米²）

设定地温/℃	基础地温			
	9~11℃	12~14℃	15~16℃	17~18℃
18~19	110	95	80	—
20~21	120	105	90	80
22~23	130	115	100	90
24~25	140	125	110	100

注：引自葛晓光，1995。

② 所需电加温线根数的计算　根据单根电加温线的功率、苗床功率密度及苗床面积可计算出所需电加温线的根数。

电加温线根数＝功率密度×苗床长×苗床宽

÷单根电加温线功率

③ 计算布线道数和间距　根据每根电加温线的长度和苗床的长、宽可求出布线道数。用苗床宽和布线道数可求出布线间距。

布线道数＝（电加温线长－苗床宽×2）

÷（苗床长－0.2）

布线间距＝苗床宽÷（布线道数＋1）

④ 布线　在实际布线时，为方便接线要使 2 个线头落在苗床的一角，即布线道数应为偶数，当布线道数为奇数时，可适当调整苗床的长度，使其变成偶数。苗床的边缘散热快，为使苗床温度一致，两边线距适当缩小，中间线距适当拉大。根据计算好的布线间距，在苗床两端用10~15 厘米长的竹棍固定电加温线。把电加温线来回绕在竹棍上，使之紧贴地面并拉直。注意电加温线不要弯曲、打卷或使邻近的两根线靠在一起，也不能在同一根竹棍上

反复缠绕，以免局部温度过高，烧坏绝缘层，造成漏电。电加温线两端的导线部分从床内伸出来，以备和电源及控温仪等连接。布线完成后，覆盖培养土，把电加温线与导线的接头处也埋好。若所用电加温线在两根以上，各条电加温线都必须并联使用而不能串联。布线方法见图4-4。

图 4-4　电热温床布线方法示意图

（3）覆盖床土　电加温线在苗床上布置好后，用万用表或其他的方法检查电加温线畅通无问题后，便可覆土，一般覆盖营养土 10 厘米。若用营养钵或育苗盘育苗，则在电加温线上先覆盖 2 厘米的土，用脚踏实，把营养钵或育苗盘摆上即可（图4-5）。

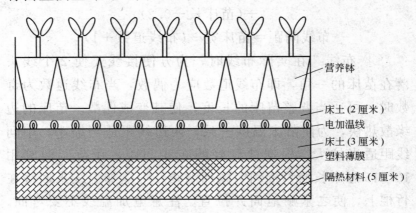

图 4-5　电热温床结构纵断面示意图

（4）控温装置的安装 苗床面积在 20 平方米以下、总功率不超过 2000 瓦的只安装一个控温仪即可，如果苗床面积大、总功率较大，就应配备相应的交流接触器。具体连接线路可参照图4-6、图 4-7。

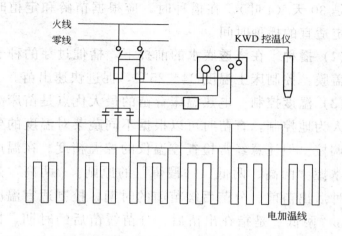

图 4-6 电热温床单相控温仪线路连接法（葛晓光，2004）

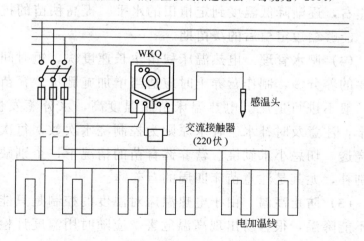

图 4-7 电热温床三相四线控温仪线路连接法（葛晓光，2004）

14. 电热温床西葫芦育苗有哪些技术要点？

（1）苗龄和育苗时间　利用电热温床育苗的苗龄，西葫芦是 30 天（4 叶）。在播种时，应根据苗龄和定植时间来确定适宜的播种时间。

（2）播种　在浇透底水的前提下，播催过芽的种子后覆土盖膜，控制床土温度 24～25℃，促进快速出苗。

（3）温度控制　电热温床育苗的最大优点是苗床温度可以人为地控制，育苗时可以根据不同蔬菜对温度的要求进行调控。但注意经常检查控温仪的控温精度。在温度控制上掌握"两高、两低、一锻炼"的原则。"两高"是指在播种后出苗前、分苗后缓苗前的时期，控制适宜温度的高限。"两低"是指在出苗后、分苗缓苗后的时期，控制适宜温度的低限，防止徒长。"一锻炼"是指在定植前 7天左右，逐渐降低温度到定植田的水平，提高秧苗的抗寒性，能够缩短定植后的缓苗期。

（4）肥水管理　电热温床秧苗生长速度快，短时间内需要的养分多，制作营养土时应适当增加施肥量。育苗期间一般不进行追肥。电热温床苗床温度高，水分蒸发快，易干，注意及时补水。补水原则为控制浇水次数，每次都要浇透，切忌小水勤浇。营养钵育苗的情况下，个别缺水个别补，尤其是注意苗床四周的营养钵。

（5）防止高温　由于电热温床对温度的控制是只能升温不能降温，很容易出现高温危害。应随时用温度计检测苗床温度，校验控温仪的精度。避免出现高温烤苗。

15. 西葫芦如何利用营养基质块进行育苗？

（1）设施选择　根据季节不同选用温室、塑料大棚等育苗设施。夏秋季露地育苗应配有防虫、遮阳、防雨水设施。冬春育苗应配有防寒保温设施。

（2）建床铺膜　在设施内选择温光条件好、水源充足的地块建床育苗。一般苗床宽度在 1.3～1.5 米左右，深 8～10 厘米左右，以便于操作，长度根据地块而定。苗床要夯实，地面要平整。苗床下铺地膜，地膜要延伸到垄边，防止水分渗漏和根系下扎，最重要的是防止土传病害侵染。

（3）苗床摆块　选择圆形大孔 40～50 克的基质块，整齐摆放在苗床上。摆块时应注意：适合西葫芦育苗的摆块间距应在 2 厘米以上，以保证作物有充分的生长空间，并防止膨胀挤块。

（4）浇水胀块　一般在播种的前一天进行，用喷壶喷 6～8 次。喷水时不能大水浸泡，但可以在薄膜上保持适量存水，喷水时间和次数根据温度灵活掌握。避免一次水量过大把块冲散，水吸干后再喷一次，直到营养块完全疏松膨胀（细铁丝扎无硬芯）而苗床无积水。如膜上还有多余积水，及时在膜上打孔放掉，放置 12～24 小时后播种。吸水后基质块会迅速膨胀，直至膨胀到 2 倍以上，可用牙签扎刺没有硬芯即可。

（5）种子处理　按常规方法晒种、消毒、浸种、催芽，催芽露白，70％出芽时播种。包衣种子在确保发芽率和发芽势时可不处理。夏季一般只浸种不催芽，以免高温烧芽。

(6) 播种覆土 播种前先对隔夜的块体喷水。每个基质块的播种穴里播1粒"露白"种子，然后每个基质块盖1～2厘米灭菌细土。注意将种芽朝下，防止种苗带壳出土。基质块间隙不填土，以保证通风透气，防止根系外扩。盖土后苗床表面覆盖地膜保墒增温。

(7) 苗期管理 播种后覆小膜保持温度和湿度，使空气温度保持在23～26℃。如果不覆膜，应保持地温在18℃，幼苗出土后2天进行掀膜。出苗后视营养块干湿情况及时进行补水，水分不能过大。幼苗第1片真叶展开前要保证块体水分充足，整个苗期每3～5天灌水1次，有滴灌条件的最好用软管滴灌浇水，整个生育期严禁外湿内干。棚温白天控制在25℃以上，夜间保持15℃以上。浇水时严禁用大水浸泡、漫灌，以防散块。嫁接时砧木最好选择南瓜，当幼苗达1叶1心时进行嫁接。嫁接方法主要采用插接法。整个苗期注意及时放风，防止发生高脚苗。

(8) 秧苗锻炼 定植前5天开始停水炼苗，温度控制在15℃，并在移栽定植前喷1次防冻剂，以防因降温导致瓜苗死亡。

(9) 带块定植 由于营养块营养面积较小，定植时间要比营养钵适当提前，只要根系布满营养块，白尖嫩根稍外露，就要及时定植，以防止根系老化。定植时带基质移栽，定植后的管理同普通营养钵育苗。定植时冬春季节在晴天上午、夏季在傍晚带基质移栽于定植沟内，块体不要露出地面，上面至少盖土 1～2 厘米。定植后一定要浇一次透水，利于根系下扎。

16. 西葫芦如何利用穴盘进行育苗？

（1）穴盘选择　西葫芦育苗选用的苗盘以 50 孔或 72 孔穴盘为宜。

（2）基质配制　穴盘育苗配制基质的主要原料为草炭和蛭石。选用的草炭要求表层蜡质少，吸水性较好，pH 值 5.0 左右。选用的蛭石要求粒径 2～3 毫米，发泡好。草炭、蛭石按 2：1 比例混合，粉碎过筛，使用时每立方米基质中膨化鸡粪 25 千克，15：15：15 氮磷钾三元复合肥 2.5～3 千克，拌匀后用 40％甲醛 100 倍液熏闷 2 天消毒，敞开通风 2 天后即可装盘。也可直接选购配制好的专用基质。

（3）装盘压穴　装盘前调节基质含水量至 60％，即用手握有水印而不形成水滴，堆置 2～3 小时充分吸水。将预湿好的基质装入穴盘，用刮板刮平穴盘表面基质，使每个穴孔都装满基质，装盘后每个格室应清晰可见。将装满基质的穴盘按 2 个一排摆放在苗床上，用自动喷水器或喷壶浇透水。根据穴盘的规格制作压穴木钉板，木钉板圆柱形，直径 1 厘米，高度 0.6 厘米，用木钉板在穴盘表面压穴，穴深 0.5 厘米，以便播种。

（4）播种　播种前用 55～60℃温水浸种，浸种过程中要不断搅动，当水温降到 25～30℃时停止搅拌，继续浸

10～12 小时后取出种子，搓去种皮上的黏液，用清水冲洗 2～3 遍，即可用湿布包好，在 28℃ 左右条件下催芽。24～36 小时后，当种子上的胚根伸出 3 毫米以上时准备播种。播种深度以 1.5 厘米为宜，种子应平放在穴盘内，以免戴帽出土。播种后覆盖蛭石，然后喷透水。

（5）催芽 从播种之后至齐苗阶段的重点是温度管理，以白天 25～28℃、夜间 15～18℃ 为宜。这一期间温度过高易造成小苗徒长，过低时子叶下垂、朽根或出现猝倒。特别注意阴天时温度管理不要出现昼低夜高的逆温差。

（6）苗期管理 齐苗后降低温度，白天 20～25℃，夜间可保持 10～15℃ 左右，以使幼苗健壮、雌花多。苗期子叶展开至 2 叶 1 心，水分含量为最大持水量的 75%～80%。苗期 2 叶 1 心后，结合喷水进行 1～2 次叶面喷肥。3 叶 1 心至商品苗销售，水分含量为 75% 左右。定植前进行低温锻炼，白天 15～20℃，夜间可保持 6～8℃，最低可维持 5℃ 左右，增加其抗寒性。苗期主要病害是白粉病，发病初期喷洒 75% 百菌清可湿性粉剂 600 倍液或 32% 吡唑萘菌胺·嘧菌酯悬浮剂 1200 倍液。

（7）成苗标准 定植时子叶完整，茎秆粗壮，叶片深绿，无病斑，节间短。温室用苗 2 叶 1 心，株高 12～15 厘米，苗龄 20～25 天；大棚用苗 3 叶 1 心，株高 18～20 厘米，苗龄 30～35 天。

（8）起苗运输 基质苗根系发达，可盘结成紧实的根坨，起苗时可连同基质一同取出，为了便于起苗，在起苗前一天应适量浇水。

 17. **西葫芦夏秋季遮阳网覆盖育苗主要有哪些技术要点？**

塑料遮阳网由聚乙烯抽丝编织而成，覆盖后能够减弱光强，降低温度，增加湿度，创造适合蔬菜秧苗生长的环境条件。遮阳网主要用于夏秋蔬菜育苗，主要有黑色、银灰色两种。遮阳网覆盖育苗技术要点如下：

① 遮阳网应牢固固定在遮阴棚架上，使苗床形成"花阴"。

② 育苗床应选在通风干燥、排水良好处，避免暴雨危害。

③ 遮阳苗床在高温季节可在保护设施的顶部喷井水，使形成水膜，既可降温，又可提高空气湿度。

④ 苗期管理同冬春育苗。一般在定植前 3～5 天进行变光炼苗。先浇 1 次大水，将遮阳网撤去，使秧苗适应定植地的环境条件。

18. **西葫芦夏秋季尼龙纱覆盖育苗主要有哪些技术要点？**

当前夏秋季育苗常常应用尼龙纱覆盖。尼龙纱的种类较多，寒冷纱是生产上常用的一种。寒冷纱常用的有白色、黑色两种，在高温季节通常使用黑色的寒冷纱，以遮阴降温、防风和减轻暴雨的冲击，还可以避蚜和预防病毒病。

尼龙纱覆盖育苗技术要点如下：

① 在苗床上设小拱棚，上面用尼龙纱覆盖，用压膜线加以固定。

② 在播种出苗期间将尼龙纱盖住整个小拱棚。出苗以后，随幼苗生长，小拱棚两侧基部的尼龙纱要揭开，或在夜间适当揭除尼龙纱，以利通风降温，防止发生病害。

③ 如果覆盖育苗以避蚜为目的，则应紧密地覆盖以避蚜；但播种时应注意适当扩大苗间距，避免徒长。

④ 育苗后期，要加强通风，锻炼秧苗，使其适应外界环境条件。

19. 西葫芦夏秋季为何利用银灰色反光塑料薄膜带覆盖进行育苗？

西葫芦栽培极易遭受病毒病危害，主要由蚜虫传播病毒，且苗期最易感病。利用蚜虫忌银灰色的习性，在苗期利用银灰色反光塑料薄膜带覆盖，不仅可以遮阴降温，而且可有效地预防病毒病的发生。

20. 西葫芦夏秋季如何利用避雨棚进行育苗？

在夏秋多雨季节育苗，为防止暴雨危害，可预先在苗床上搭拱架，雨天覆盖塑料薄膜防雨。用压膜线固定薄膜，四周不盖或卷起塑料薄膜以便通风和降温。夏秋避雨育苗可使秧苗生长健壮，叶大，干物质含量增加，比不覆盖或用苇帘阴棚覆盖的效果好。

21. 西葫芦如何利用高山冷凉气候进行育苗？

在夏秋高温季节育苗，由于温度高，秧苗生长不良，表现瘦弱、徒长，并且容易感染病毒病。白天高温可采取适当遮阴解决，但夜间高温的不良影响难以克服。为此，利用高山气候冷凉的条件，加上工厂化的大批量生产措施，就可以解决这一问题。

22. 西葫芦如何利用纬度差进行育苗？

我国幅员辽阔，利用纬度差进行育苗，既适用于非生长季节育苗，也适用于生长季节育苗。夏秋高温季节，在高纬度冷凉地区育苗，通过运输，定植到低纬度地区，既可省去保护地设施费用，也能有效地防止高温、病毒病的危害。随着我国运输业的发展和蔬菜价格的提高，纬度差育苗将会兴起，并会不断发展和逐步完善。

第五章

西葫芦生育季节与栽培茬次安排

1. **西葫芦主要有哪些栽培茬次？**

　　由于西葫芦对气候和栽培条件具有较强的适应能力，所以在栽培季节上分为日光温室越冬一大茬、秋冬茬和冬春茬栽培；塑料大、中、小棚春提早、秋延后栽培；春季露地栽培和秋延后栽培。

　　越冬栽培于 10 月中旬播种育苗，11 月中下旬定植，12 月下旬开始收获，管理好时收获期延续到次年 5 月中下旬。冬春茬栽培于 12 月上旬播种育苗，次年 1 月中下旬定植，2 月下旬开始收获，收获期可延长到 5 月下旬。春季露地一般在 3 月中下旬阳畦播种育苗，4 月下旬定植到露地，6 月上旬开始收获。

2. **我国各大蔬菜产区如何安排西葫芦栽培茬口和生育期？**

　　（1）东北、蒙新和青藏蔬菜单主作区　本区包括黑龙江、吉林、辽宁北部、内蒙古、新疆、甘肃、陕西北部、青海和西藏等省区。本区周年生产栽培方式、茬次和栽培历程见表 5-1。

（2）华北蔬菜双主作区　本区包括辽宁南部、河北、北京、天津、山东、山西、陕西和甘肃南部、江苏和安徽省淮河以北地区。本区冬季不过分冷，多数地区晴天较多，日光温室、塑料大棚栽培比较发达。但黄淮地区常有连阴雾天发生，给本地区日光温室冬季生产带来较大的困难。本区周年生产栽培方式、茬次和栽培历程见表 5-2。

（3）长江流域蔬菜三主作区　本区包括四川、重庆、贵州、湖南、湖北、陕西省汉中盆地、江西、安徽和江苏省淮河以南地区，浙江、上海和广东、广西、福建三地的北部地区。本区一年之中露地栽培的主茬蔬菜有三茬，即喜温性番茄、黄瓜、菜豆等，一年可春作、秋作栽培两茬；大白菜、萝卜等喜冷凉蔬菜则作为秋作；越冬茬可栽培耐寒的菠菜、乌塌菜、小白菜等。冬季栽培的设施多以塑料大中棚为主，夏季则以遮阳网、防虫网为主。本区周年生产栽培方式、茬次和栽培历程见表 5-3。

（4）华南蔬菜多主作区　本区包括广东、广西、福建、台湾、海南等省、自治区。本区周年生产栽培方式、茬次和栽培历程见表 5-4。

③ 西葫芦主要有哪些周年高效栽培模式？

（1）冬春西葫芦-菜豆-丝瓜-番茄周年高效栽培模式（山东）　冬春西葫芦于 12 月初在大棚内育苗，12 月下旬定

表5-1　东北、蒙新和青藏蔬菜单主作区西葫芦周年生产栽培方式、茬次和栽培历程

栽培方式	茬次名称	1月		2月		3月		4月		5月		6月		7月		8月		9月		10月		11月		12月	
		上中	下	上中	下	上中	下	上中	下	上中	下	上中	下	上中	下	上中	下	上中	下	上中	下	上中	下	上中	下
保护地栽培 温室	越冬—大茬	√√	√√	√√	√√	√√	√√	√√	√√	√											◎┄		▲┄√√		┄	√√
温室或暖窖	秋冬茬		√														◎┄	▲┄		√√	√√	√√	√√	◎◎	√√
塑料棚	冬春茬	┄	▲	◎		┄√√	√√	√√	▲√√	√√		√													
	春提早			◎		┄	√√		▲	√√	√√	√√													
	秋延后								┄	√√	√√	√√	√√	◎┄√√	√√	▲		√√		√					
近地	早春茬					◎◎		√√	√√	√√	√√	√√	√	┄	√√										
露地栽培	春茬												◎												
	遮阳网越夏								┄	√√	┄	√√	∩√√	┄	√√	√√	√√								
	秋茬（反季）												○				√√	√		√√					

注：◎播种育苗；▲定植；○直播；┄间隔；√采收；∩盖遮阳网。

表 5-2　华北蔬菜双主作区西葫芦周年生产栽培方式、茬次和栽培历程

栽培方式	设施名称	茬次名称	1月上中	1月下	2月上中	2月下	3月上中	3月下	4月上中	4月下	5月上中	5月下	6月上中	6月下	7月上中	7月下	8月上中	8月下	9月上中	9月下	10月上中	10月下	11月上中	11月下	12月上中	12月下
保护地栽培	温室	越冬一大茬	√√	√	√√	√	√√√		√√√		√										◎…		▲	……		
	温室或暖窖	秋冬茬		√	…√√		◎…										○…		◎…	▲	…√√		…▲		√√	
	保护地栽培	冬春茬	…▲				▲…		…√…		√		√		√√		√		◎…						◎…	
	塑料棚	春延早			◎		◎……		▲▲		√√		√√		√√											
		春延后					◎…		……		……		√√		√√		○…									
	近地	早春茬							……		√√		√√		∩√		√√		√							
露地栽培		春茬									○…		……		√√		√									
		遮阳网越夏							○				○		√√		√√		√		√√					
		秋茬（反季）												○	……		√√		√√		√√		√		◎…	

注：◎播种育苗；▲定植；○直播；……间隔；√采收；∩盖遮阳网。

表5-3　长江流域蔬菜三主作区西葫芦周年生产栽培方式、茬次和栽培历程

栽培方式	设施名称		茬次名称	1月		2月		3月		4月		5月		6月		7月		8月		9月		10月		11月		12月	
				上中	下	上中	下	上中	下	上中	下	上中	下	上中	下	上中	下	上中	下	上中	下	上中	下	上中	下
设施栽培	塑料棚	近地	春提早	◎…		…▲		…√	√	√√	√	√√	√														
			秋延后													◎…		…√		√√		√√		√√	
			早春茬			◎		◎……		▲▲…		…√	√	√√	√	√√											
露地栽培			春茬					◎…		▲		……		√		√√	√										
			秋茬(反季)											∩		………		√√	√	√	√						

注：◎播种育苗；▲定植；……间隔；√采收；∩盖遮阳网。

表5-4　华南蔬菜多主作区西葫芦周年生产栽培方式、茬次和栽培历程

茬次名称	1月		2月		3月		4月		5月		6月		7月		8月		9月		10月		11月		12月	
	上中	下	上中	下	上中	下	上中	下	上中	下	上中	下	上中	下	上中	下	上中	下	上中	下	上中	下	上中	下
春茬	……		◎……		▲…		…√√		√√√		√√√		√√											
夏茬					▲…		…√√		√√√		√√√		√√√		√√√		√√√							
秋种冬收													◎…		◎…		………		√√√		√√√		√√√	
秋延后	√√√		√√√																		◎…		▲…	

注：◎播种育苗；▲定植；……间隔；√采收；∩盖遮阳网。

植，春节前后开始收获；夏菜豆于3月底育苗，5月上旬西葫芦收获后清茬定植；夏丝瓜于4月下旬在温室北墙脚及温室南柱子旁套种在菜豆间，6～8月份上市；秋延迟番茄8月上旬育苗，9月初移栽定植，11月底开始采收。

（2）秋花菜-大棚西葫芦-毛豆高效栽培模式（江苏省徐州市） 秋花菜7月中旬育苗，8月中旬移栽，10月收获；西葫芦11月下旬至12月初育苗，翌年元月上旬移栽，2月下旬至5月中旬收获；然后点种鲜食毛豆，7月下旬采摘鲜毛豆上市。

（3）菠菜-西葫芦-糯玉米-药芹 10月上旬水稻收获后及时耕翻晒垡，10月下旬播种菠菜，春节前上市让茬；西葫芦于翌年2月下旬营养钵育苗，3月中旬移栽，5月底让茬；糯玉米于5月下旬育苗，6月上旬移栽，7月下旬采收结束；药芹于7月中旬播种育苗，8月中旬移栽定植，11月上旬采收上市。

（4）大棚西葫芦-萝卜-番茄高效栽培模式（山东定陶区） 西葫芦1月下旬用营养钵育苗，2月中旬定植，3月中旬开始采收，5月上旬清园；夏萝卜5月下旬直播，7月份采收并清园；番茄于7月上旬播种，8月上旬移栽，元旦、春节上市。

西葫芦选择茎蔓短、节间密、耐低温、结瓜密和结瓜早的矮生短蔓品种，如早青一代、中葫3号；夏萝卜选择耐热、抗病的品种，如夏抗40、夏长白2号等；秋季栽培番茄选择抗热、高抗病毒病的品种，如金棚5号、合作

906 等。

（5）日光温室番茄-西葫芦-豇豆（鲁东南） 番茄于 7 月中下旬进行营养钵育苗，8 月上中旬定植，12 月中旬开始采收，翌年 3 月中旬采收结束；西葫芦于 1 月中旬前后采用营养钵育苗，2 月上中旬定植，3 月上旬开始采收，4 月下旬前后收获完毕；豇豆于 2 月中旬播种，5 月上旬开始采收，7 月下旬停止采收。

（6）塑料大棚早春西葫芦间作豆角-夏秋薄皮甜瓜（河北省乐亭县） 早春西葫芦可选用银青、银葫一号、早青一代等品种，1 月上中旬播种，2 月下旬进行定植，定植前 10～15 天（或秋季土壤在封冻前）施足基肥，按垄距 100～110 厘米起垄，垄台高 20 厘米，定植密度每亩 2300 株左右。西葫芦定植于豆角的行间，4 月上中旬开始采收，6 月上旬拉秧。

早春豆角可选用绿龙、架豆王、丰收一号等品种，1 月中下旬温室内营养钵育苗，2 月下旬定植，按大行距 1.2 米、垄台高 15 厘米起垄，株距 35 厘米，密度每亩 3000 穴，于 4 月上中旬开始采收，到 6 月上中旬结束拉秧。

夏秋薄皮甜瓜可选用红城二十、京香二号、富源十五、永甜七等品种，或薄厚皮杂交品种如丰雷、棚抗 518 等，7 月初至 7 月中旬播种，8 月上中旬进行定植，按垄距 100 厘米、垄台高 20 厘米起垄，定植密度每亩 2000 株左右，薄皮甜瓜于 10 月上中旬开始采收，到 11 月上旬拉秧。

（7）温室西葫芦-伊丽莎白甜瓜-青椒高效栽培模式（河北省滦州市）　第1茬温室西葫芦10月上中旬播种育苗，翌年4月下旬收获结束；第2茬套作伊丽莎白甜瓜、青椒，伊丽莎白甜瓜于3月上中旬育苗，4月中旬定植，甜瓜一般于6月中下旬即可采收上市，青椒于西葫芦拉秧后定植于伊丽莎白甜瓜另一侧的垄上。

（8）西葫芦-黄瓜-蒜苗高效栽培模式（河北省定州市）　西葫芦：元旦前后在育苗棚内播种育苗，春节前后当幼苗长到四叶一心时及时定植，株行距50厘米×70厘米，每亩定植1500～1800株，根据市场行情及时采收，至5月底或6月初采收结束。

黄瓜：6月中下旬在温室内直播，株行距30厘米×50厘米，亩播种4000株。

蒜苗：播期在5月中下旬，定植株行距10厘米×20厘米，元旦至春节期间陆续收获上市。

该模式西葫芦每亩产5000千克，产值1万～1.5万元；黄瓜每亩产4000～5000千克，产值5000～6000元；蒜苗每亩产4000千克，产值1万元以上。每亩纯收入总计2万～2.5万元。

（9）西葫芦-叶菜-番茄（西葫芦或辣椒）　该模式年产鲜菜1.8万千克以上，产值达到3.2万元，纯收入2.0万元，最冷的1～2月份生产耐寒性强的叶菜，能减少因冻害而造成的损失，而且技术简单易学、农民乐意接受。

西葫芦9月初育苗，10月初定植，10月下旬开始收获，12月底采收结束；叶菜11月初育苗，翌年1月上旬定植，2月中旬采收；番茄（西葫芦或辣椒）12月初育苗，翌年3月中旬定植，7月份采收。

叶菜11月初，即在前茬作物拉秧前30天，利用日光温室中的边角地带进行叶菜（青菜、生菜、乌塌菜等）育苗，苗龄约30天，翌年元月上旬定植，2月中旬可采收上市。

番茄（西葫芦或辣椒）12月初育苗，翌年3月中旬定植，5月中下旬开始采收，7月底采收结束。

(10) 番茄（西葫芦或辣椒)-叶菜-黄瓜（西葫芦）栽培模式 番茄（西葫芦或辣椒）6月初育苗，8月定植，10月初开始采收，12月底采收结束；叶菜11月初育苗，翌年1月上旬定植，2月中旬采收；黄瓜（西葫芦）12月底育苗，翌年3月初定植，3月下旬开始采收，5月底采收结束。

(11) 早春西葫芦-越夏白菜-秋延后番茄（陕西省岐山县） 早春西葫芦于元月上中旬用日光温室育苗，2月中旬定植，行株距保持70厘米×50厘米，每亩定植1800株左右。

越夏大白菜于5月下旬用营养钵育苗，6月上旬定植，做成间距45厘米、宽20厘米、高15厘米的垄，在垄上按30厘米株距挖穴定植，每亩栽苗以3300～3500株为宜。7月中旬采收。

秋延后番茄于7月中旬覆盖遮阳网播种育苗，苗龄25～30天，8月上中旬定植。按照垄宽60厘米、高15厘米、垄间距70厘米整地做畦，在畦垄两侧按25～30厘米株行距定植2行番茄，每亩栽3500～4000株。一般于11月上中旬开始采收。

（12）日光温室西葫芦-豇豆-草菇（山东聊城）　日光温室越冬茬西葫芦一般 9 月底至 10 月初播种，11 月上中旬定植，12 月底至翌年 1 月上旬开始采收，采收期可延长到 4 月；2 月上中旬在西葫芦行间套种豇豆，5 月下旬至 6 月上旬拔秧；6 月中下旬种植草菇，8 月上中旬草菇收获完毕。

（13）高海拔地区西葫芦-豇豆-菠菜（生菜）（贵州省织金县）　西葫芦 1 月中旬（1 月 16 日）棚内播种育苗，4 月中旬（4 月 18 日）开始采收，5 月下旬（5 月 30 日）采收结束；6 月上旬（6 月 3 日）播种豇豆，8 月上旬（8 月 2 日）开始采收，9 月下旬（9 月 28 日）采收结束；10 月上旬（2～3 日）播种菠菜、生菜，翌年 1 月上旬（1 月 10 日）采收结束。

（14）西葫芦-香椿-荷兰豆（江苏东海县）　西葫芦 10 月上中旬播种，11 月上中旬大小行定植，大行行距 180 厘米，小行行距 50 厘米，株距 45 厘米，元旦前后开始采收。

香椿的栽植采用大田移植苗，香椿定植前可对大田苗先假植 30～35 天。11 月 20 日在大行内南北向定植 2 行，高株在北，矮株在南，行距 30 厘米，株距 20 厘米。当椿芽长到 20～30 厘米时采收，每隔 15～20 天采收一次，可连续采收 3～4 次。4 月份移植到大田。

荷兰豆 10 月上旬播种育苗，11 月底在大行中间套种定植 2 行，行距 50 厘米，株距 25 厘米，嫩豆荚在开花后两周、荚深绿色时便可采收上市。

第六章

西葫芦安全优质
高效栽培技术

1. 西葫芦春季露地栽培如何安排生育期？

春季露地栽培西葫芦，一般于当地晚霜过后定植，在此以前提早 30～35 天在阳畦里播种育苗，定植后 25～30 天开始采收。华北地区多在 3 月中旬育苗，4 月下旬定植，5 月中下旬开始采收，6 月中下旬天气炎热后病害普遍发生，结束生产。

2. 西葫芦春季露地栽培如何选择品种？

露地春茬栽培一般对上市的早晚要求不太严格，特别是边远农村地区，多希望瓜形大、产量高。因此宜选用抗热、晚熟、产量高、大果形的品种，如长蔓西葫芦、搅瓜等。但在夏季炎热、病毒病发生严重的地区，必须在炎夏

106

到来以前采收完毕，因此又必须采用抗病、高产的早熟品种，如早青一代、京葫 1 号、邯农二号等。

3. 西葫芦春季露地栽培如何培育壮苗？

用于露地春茬栽培的西葫芦一般采用阳畦育苗。由于开始时间晚，育苗前大地早已消冻，阳畦可以在育苗前 15～20 天构筑。如果采用营养土方育苗，宜将预先配制好的营养土提前 4～5 天装入踏实并浇足水，然后再扣膜烤床提温。浇水后先将床土分割成（10～12）厘米×（10～12）厘米的土方，并在割缝间撒入沙子或过筛炉渣。具体育苗技术参照前面育苗部分。

4. 西葫芦春季露地栽培如何进行施肥整地？

（1）施足底肥 每亩用优质农家肥 4000～5000 千克、饼肥 100～125 千克、过磷酸钙 50～75 千克、硫酸钾 30～45 千克、碳酸氢铵 30～50 千克，采取地面普施和开沟集中施肥相结合的方法，将 3/5 的肥料撒施在地面，耕翻耧平后按计划行距开沟施入剩余的肥料，并与土混匀。肥料不足时，可以按定植行开沟集中施用。

（2）起垄、做畦 矮生品种适于密植，垄作时按 60～65 厘米的行距起垄，垄高 20 厘米左右，或做成 130 厘米宽的畦，每畦栽 2 行。采用蔓生品种时，一般需要做成 1.5～2 米的畦，1 畦栽 1 行或 2 行。

5. 西葫芦春季露地栽培如何定植？

（1）定植期 露地栽培西葫芦的定植期以当地晚霜过后为宜。过早易遭霜冻，过迟则影响成熟期，延迟上市期。当地晚霜过后，10 厘米地温稳定在 13℃以上、夜间最低气温不低于 10℃为定植适期。华北地区以 4 月下旬至 5 月上旬为宜。

（2）定植方法 定植密度：早熟品种株行距为（45～50）厘米×（60～70）厘米，每亩 2000 株；蔓生品种为（30～50）厘米×（100～150）厘米，每亩定植 1200～1800 株。定植时淘汰病苗、弱苗、小苗、畸形苗和无生长点的苗。定植时挖穴或开沟，把幼苗的土坨埋入。埋土深度与苗床上原深度相同即可。栽后即浇水。

6. 西葫芦春季露地栽培定植后如何进行管理？

（1）查苗补苗 西葫芦的密度较小，一旦缺苗会明显降低产量。定植后常因虫害、浇水不及时、秧苗根系不完善而缺苗。因此，应及时查苗、补苗，保证全苗。

（2）中耕除草 浇过缓苗水后要及时中耕松土蹲苗，以提高地温，促进根系发育。待茎叶盖满地面后，便不宜进行中耕，应及时拔草，防止草荒。

（3）根瓜膨大前的管理 定植到根瓜膨大前主要是缓苗和搭丰产架时期。定植后温度低，首先要促根促秧，促进生长；其次是要防止跑秧子。其主要措施有：缓苗以后可浇一次催秧水，结合浇水追 1 次肥，每亩用硝酸铵 10～15 千克或人粪尿 500 千克，以达到促秧的目的。但此次浇水追肥后应中耕蹲苗，促进植株根系发育和茎粗叶茂，此期不宜浇水过多，否则会引起植株徒长，茎叶繁茂，营养生长过旺，从而抑制生殖生长，导致落花落果。但如过度干旱或缺肥，又会抑制营养生长，造成开花坐果过早、过多，反因营养生长不良而致瓜小，降低产量。

(4) 结瓜期的管理　当第一雌花开花坐果后，植株进入旺盛生长期，果实也在迅速膨大，植株需要大量的水、肥。此期应及时浇水、追肥，以保证生长和结果的营养供应。结瓜后要逐渐加大追肥浇水量，一般是 5～7 天浇 1 次水，保证土壤湿润，遇雨还要及时排除田间积水。

结瓜期每 10 天左右追 1 次肥，每亩每次用三元复合肥 30 千克左右。瓜秧封垄后还要顺水追施人粪尿 1 次，每亩用 1500 千克。

第一雌花坐瓜期如果水分过大，一旦引起茎叶徒长，不是雌花出现得晚就是出现"化瓜"现象。但若初瓜期留瓜过多，或第一瓜采摘不及时，营养生长受到严重抑制，就会出现瓜坠秧的现象，这将严重影响以后的产量。此期务必注意调节好营养生长和生殖生长的平衡，这样才能获得早熟丰产。

(5) 保花保瓜　西葫芦落花化瓜现象比较严重，化瓜可能是由于花芽分化期温度不适，营养不良导致花芽分化先天不足；还可能是因为开花坐瓜时植株营养生长过旺，或雌花开放过多，花器发育时营养不良所致。当然，开花期温度低、湿度大、温度高等都可能影响昆虫的活动，而西葫芦的花期又短，错过有利授粉期就丧失了授粉机会。所以，西葫芦的保花保瓜十分必要。首先是要通过水肥合理应用、及时采摘嫩瓜等措施，既要防止瓜秧生长势衰弱，又要防止瓜秧徒长，以保持植株营养生长和生殖生长均衡发展。其次是在西葫芦生长的早期，自然授粉条件不充分的时期，要采取人工辅助授粉措施和植物生长刺激素处理方法，进行保花保瓜。人工授粉应在上午8～9时进行，先采集当天盛开的雄花，除去花冠，持花药轻涂在雌花柱头上。一朵雄花可授粉3朵雌花。人工授粉应坚持每天进行，直至开始采收。目前常用的生长刺激素有两种：一是促进植株雌花早分化和果实早熟的药剂，如乙烯利，可在3～4叶期，用乙烯利的2500倍液喷洒叶片；二是防止离层增生、减少落花落果的药剂，如2,4-D、萘乙酸或番茄灵，可在开花的当天上午或前一天，用浓度为10～20毫克/千克的2,4-D或萘乙酸液涂抹果柄和子房，亦可用40～50毫克/千克的番茄灵用小型喷雾器喷洒柱头。

后期采收老熟瓜时，应1蔓留1个瓜。

（6）整枝打杈 矮生西葫芦分枝力较弱，一般可以不整枝打杈，主要是在伸蔓时要人工调整使生长点朝向南方，以接受更多的阳光。蔓生品种分枝较多，虽然主侧蔓都可结瓜，但若肥水不当往往会造成植株旺长、枝叶密集，影响开花结瓜，因此必须进行整枝打杈。常用的整枝方式有：

① 单蔓整枝 单蔓整枝是把主蔓以外的侧蔓全部摘除，只留1个主蔓。单蔓整枝适用于中早熟和瘠薄土壤上栽培的西葫芦，亦适于密植的西葫芦。

② **多蔓整枝** 多蔓整枝是在主蔓长有 5～7 叶时摘心，促进侧蔓发生，从中选留 2～3 个强壮侧蔓，每侧蔓结 1～2 个嫩瓜，收老熟瓜时，每蔓只留 1 个瓜。对于选留的枝蔓要在田间合理摆布，并在第 9 节前后进行 1 次压蔓，以后相隔 5～7 节再压 1 次蔓。枝蔓爬近畦边时进行摘心。压蔓时，可把茎压入土中 3～5 厘米。压蔓有固定植株、防止风害的作用。

生育期应及时摘除过密、衰老、病虫为害的侧枝和老叶，过多的雄花和雌花及幼果也应及早摘除。

7. 西葫芦春季露地栽培如何采收？

早熟栽培的西葫芦以采收嫩瓜为主，适时采收，不仅可及早上市，提高经济效益，还可节约养分，供应植株上部的果实生长发育，有利于开花坐果，对调节营养生长和生殖生长的平衡关系有重要的作用。对于生长势旺的植株可多留瓜、留大瓜，适当晚收，使生长势适当减弱；对于生长势弱的植株，应少留瓜、早采收，达到秧、瓜生长平衡。一般定植后 25～30 天即可开始采收嫩瓜。雌花开花后 7～10 天、瓜重 250～500 克时，即可采收。采收应在早晨进行，轻拿、轻放。

8. 西葫芦夏秋茬栽培如何安排生育期？

（1）晚播晚收 5 月下旬到 6 月上旬露地直播，8 月上旬开始收获，一直延续到 9 月下旬当地早霜到来结束。

(2) 早播晚收 早播晚收这种种植方法通常叫"芽苗移栽密植压蔓返青种植法"。4 月下旬到 5 月上旬栽苗，6 月下旬到 9 月下旬为收获期。

9. **西葫芦夏秋茬栽培如何选择品种？**

应选择耐热、抗病毒病的西葫芦品种，可选用蔓生品种，如京葫新星、玉女等。

10. **西葫芦夏秋茬栽培如何整地起垄和播种？**

(1) 整地起垄 在播种前，每亩施用优质农家肥 3000～4000 千克、过磷酸钙 50 千克、碳酸氢铵 35～45 千克，按行距 60 厘米开沟集中施用，并与土混匀，而后起垄，踏实。也可按 2 行春玉米与 1 行西葫芦间套作的形式种植。

(2) 播种 在垄上按株距 40～50 厘米开穴，干籽或催芽播种，每穴 2～3 粒种子。

11. **西葫芦夏秋茬栽培播种后如何进行田间管理？**

(1) 选留苗和中耕除草 当幼苗长有 2～3 片真叶时，每穴选留 1 个健壮无病虫的植株，其余掐除。幼苗出土后连续中耕 3 遍，后期注意拔草。

(2) 压蔓整枝 长有 9 片叶之后开始压蔓，以后相隔 5～7 节再压 1 次蔓，共压蔓 2～3 次。剪除所有侧蔓，留主蔓结瓜。当主蔓上达到需要留的最后 1 个瓜坐住之后，在瓜的前面留 2 片叶摘心，以促进最后 1 个瓜成熟，便于保存。

（3）追肥　在第一和第二个瓜开始形成时进行追肥，每亩用硝酸铵 20～30 千克。

（4）及时收获　特别注意第一和第二个瓜收获不能过晚，以防影响到以后的结瓜。采摘直到早霜到来，每公顷产量 75000 千克以上。

12. 西葫芦遮阳网覆盖越夏栽培生育期如何安排？

当地晚霜过后播种，6 月下旬到 7 月上旬加盖遮阳网，主要供应期是在炎夏季节。

13. 西葫芦遮阳网覆盖越夏栽培如何选择品种？

可选用耐热、抗病品种，如邯农二号、邯农三号、翠玉、曼谷绿等。

14. 西葫芦遮阳网覆盖越夏栽培如何进行整地施肥和播种？

每亩施腐熟的有机肥 4000～5000 千克，深翻、整平、耙细、做畦。整地后做成 1 米宽左右的畦。

早春露地地温稳定到 10℃ 以上后，按株距 40 厘米开穴点播，每穴点种 2～3 粒，或干籽或催芽种子。种植密度为 1500～2000 株/亩。

15. **西葫芦遮阳网覆盖越夏栽培播种后如何进行管理？**

（1）**选留苗和定苗**　第一片真叶展开后就可以定苗，从中选留健壮无病的 1 株，其余从根部掐断除去。

（2）**中耕松土**　出苗后进行 2～3 次中耕，以保墒、除草和促进根系的发育。

（3）**防徒长**　用 500～600 倍高效矮丰王灌根或喷施。

（4）**整枝**　及时摘除所有侧蔓，仅留主蔓进行结瓜，在瓜蔓快爬满畦时摘心。

（5）**保花保果**　为了提高西葫芦的坐瓜率，可以采取人工辅助授粉的方法。在遇到降雨时，还要对人工授粉过的花冠进行收拢，用叶子遮盖起来。

（6）**覆盖遮阳网**　6 月下旬到 7 月上旬覆盖黑色或灰色遮阳网。黑色遮阳网降温效果好，一般中午可以降低地温 5～7℃，而在特别炎热的夏天中午，可以降低地表温度 8～12℃；对于气温来说，一般可比露地降低 3～4℃。温度上升到 30℃时，可以进一步通过喷水来降低温度。

遮阳网不能采取一盖到底的方法，需要根据天气和植株生长情况，有揭有盖，满足西葫芦对光照的需要，以免出现负面效应。

（7）**追肥浇水**　苗子长到 3～4 片真叶时，结合浇水追 1 次肥，每亩地用尿素 10～15 千克。根瓜长到 10～12 厘米时进行第二次追肥浇水，以后根据西葫芦秧子长势合理进行追肥浇水。

（8）**防止病毒病**　对于传播病毒病的蚜虫要及时用蚜

虱螨净、吡虫啉等防治。对小苗要提前喷灌抗毒剂 1 号、83 增抗剂、抗病威和病毒必克等抗病毒的农药进行预防。一旦发现病株要及时拔除。

16. 西葫芦遮阳网覆盖越夏栽培如何采收？

西葫芦以采收嫩瓜为主，适时采收，不仅可及早上市，提高经济效益，还可节约养分，供应植株上部的果实生长发育。雌花开花后 7～10 天、瓜重 250～500 克时，即可采收嫩瓜上市。

17. 西葫芦秋茬栽培如何选择品种？

一般选用抗病性较好的早中熟品种，如曼谷绿、邯农二号、邯农三号、玉女、翠玉等。

18. 西葫芦秋茬栽培如何进行播种？

（1）播种适期　一般在日平均气温 24～25℃时开始播种。在河北省中南部及河南省北部地区，适宜的播期一般是在 8 月 10～15 日。为了减轻病毒病危害，通常需要采取直播，而且需要覆盖银灰色、黑色地膜。

（2）播种方法　一般采取大小行起垄种植。大行 100 厘米，小行 60 厘米，株距 40 厘米。开穴浇水点播，每穴点种 1 粒或 2 粒催芽的种子。然后覆土，遭雨拍或临近种子拱土时耧去上部部分覆土。

19. **西葫芦秋茬栽培播后如何进行管理?**

（1）**查苗补苗** 种子出土后及时查苗补苗,另外此期应注意鸟虫在田间对苗子的危害。可打药或在田间搭稻草人驱逐鸟类。

（2）**中耕** 西葫芦生长前期温度高、湿度大,要注意加强中耕,增加土壤的通透性,特别是雨后中耕更要及时。如遇干旱还要及时浇水。

（3）**追肥浇水** 大部分植株坐瓜以后,要普遍浇1次大水,同时追施1次速效化肥,每公顷用尿素225～300千克。秋茬西葫芦结瓜期短,一般1水1肥维持到结束。在秋茬西葫芦生长期间要始终保持地面湿润,防止干旱引起病毒病的发生。

（4）**预防病毒病** 子叶展平后,就要普遍喷灌1次抗病威、病毒必克、抗毒剂1号、83增抗剂等提高植株病毒病抗性的药剂,以后再喷用2～3次。

发现病株要及时拔除,并用混配抗病毒病农药进行防治,同时要注意除治蚜虫和白粉虱。

（5）**植株调整** 秋茬西葫芦必须注意及时整枝打杈,要见杈就打,不可忽视。由于多数地区秋末温度下降极快,所以1株一般只留1～2个瓜。早霜到来前20天左右,当选留的最后1个瓜长有10～15厘米时,对主蔓进行摘心,并摘除其余幼瓜,以集中养分主攻留下的瓜。或者是不摘除其余幼瓜,在早霜来前3～5天用地膜覆盖全部植株,可延长采收10～15天,保证其余幼瓜长成。

20. 西葫芦秋茬栽培播后如何进行采收？

秋茬西葫芦生长期间温度高、湿度大，瓜的生长速度快，一般在开花后 7～10 天，单瓜重即可达到 500 克左右，应及时采收。

21. 西葫芦地膜覆盖春早熟栽培如何选择品种？

应选择耐低温、长势强、第一雌花节位低、结瓜多、瓜形商品性好的矮生类型西葫芦品种。目前生产上应用较多的品种有早青一代、阿尔及利亚、灰采尼等。

22. 西葫芦地膜覆盖春早熟栽培如何育苗？

（1）播种期　播种期因栽培地区及地膜覆盖方式而异，河北省中南部地区，高畦地膜覆盖栽培西葫芦，其阳畦育苗播种期在 3 月下旬至 4 月上旬；而沟畦近地面覆盖栽培的播种期可提早到 2 月中下旬。

（2）浸种催芽　温汤浸种 6～8 小时，捞出种子并洗净黏液，用湿布包好后放于 25～30℃的温度条件下催芽 36～48 小时，待 80％以上的种子发芽时即可以播种。每亩用种量 250 克左右。

（3）播种　采用护根措施育苗。播种前，苗床浇透水，冷床育苗还应封严畦面，烤畦 3～5 天后再播种。播种时，将发芽种子胚根向下，平放于营养土块、塑料营养钵或穴盘的中央，然后盖土2～3厘米厚，呈小土堆形。全畦播完后，再撒一层细土将畦面封严。切忌播种时将种子直插入营养土中，以防种子戴帽出土（图6-1）。

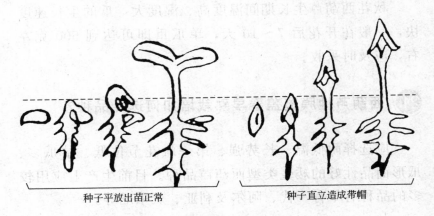

种子平放出苗正常　　　　　　　种子直立造成带帽

图 6-1　放籽方位与出苗情况

播完种后，将畦面用薄膜封严，白天利用日光增温，晚上盖草苫保温，电热温床则可通电加热。

（4）苗期管理　播种后保持苗床有较高温度，以促进出苗。白天气温 25～30℃，地温 20～23℃，五六天即可出苗；出苗后，适当通风降温，防止徒长，保持白天气温 20～25℃，夜间 10～13℃，地温 17～18℃；第一片真叶展开后，适当提高温度，促进幼苗生长，白天气温可保持在 23～25℃，夜温 10～13℃，为促进雌花分化和降低雌花节位，应创造 8～10 小时短日照和夜间 10～13℃的低温；随着外界温度的升高，逐渐增大通风量，定植前 1 周进行秧苗锻炼，白天气温保持 16～18℃，夜间 6～8℃，使幼苗能适应定植地块的环境条件。

苗期一般不浇水，在缺水的情况下可用喷壶喷一些水，结合喷水可叶面喷施 0.2% 磷酸二氢钾或 0.2% 尿素。

地膜覆盖西葫芦苗龄一般 30～40 天，3～4 片真叶时即可定植。苗龄不可过大，否则易徒长或造成根系老化，使缓苗时间延长，不利于早熟丰产。

23. 西葫芦地膜覆盖春早熟栽培如何整地做畦？

种植西葫芦应选择疏松肥沃的地块，于头年土壤封冻前深翻，深度 25～30 厘米。春季土壤解冻后，按东西畦向、行距 90～100 厘米做畦埂，畦埂高 30～40 厘米。土壤墒情低时，可提前 7～10 天漫灌 1 次。做畦时沿埂的内侧起土，不可过宽，避免将表土都培到畦埂上，应边培埂边用脚踩实。做完畦埂后将埂的内侧用铁锨整齐，并将畦内整平，然后按畦施入农家肥作基肥，每亩施厩肥 5000 千克、过磷酸钙 100 千克，一般 2/3 的肥料普施，1/3 的肥料待定植时沟施或穴施。施肥后，将畦内土壤用铁锨翻一遍，将农家肥与土掺匀，即可定植。

24. 西葫芦地膜覆盖春早熟栽培如何定植？

（1）**定植期** 西葫芦耐寒性较强，一般外界地温稳定在 6～8℃ 以上时即可定植。覆盖地膜后，地温则可以稳定在 10℃ 以上，最低气温稳定在 2～3℃ 以上。河北省中南部地区沟畦地膜近地面覆盖栽培于 3 月 20 日前后定植，与当地大棚黄瓜的定植期基本相同。

（2）定植方法　定植要求在无风晴天进行。定植时，在沟内距埂 5～10 厘米处开定植沟或定植穴，将剩余的 1/3 肥料施入沟内或穴内，并与土拌匀，然后按 45～50 厘米的株距定植。定植好一畦后，应立即插小拱架。小拱架可用细竹片、树条等做成，一端插于畦埂上，另一端插入沟内，间距 45～50 厘米，一般与定植的西葫芦对应并位于其上，避免畦埂落土伤苗和幼苗稍大后薄膜烧苗。插好小拱架后，及时覆上薄膜，上边缘固定，压于畦埂的槽内，下边缘用土固定于沟内（图 6-2）。

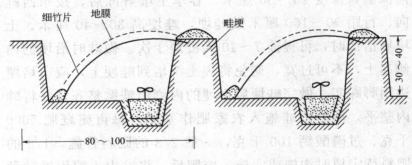

图 6-2　沟畦地膜覆盖示意图（单位：厘米）

25. 西葫芦地膜覆盖春早熟栽培定植后如何管理？

（1）定植至开花坐果期的管理　定植覆膜后应及时顺沟浇水，不可过夜，否则有可能将幼苗冻死。遇大风天气，大风过后应及时进行田间检查，发现被风吹开的畦应及时覆盖。若遇雨雪天气，应及时清除膜上积水，避免积水后压苗。

进入 4 月中旬，随着外界气温的升高开始在膜上打孔放风，具体做法是每天上午用木棍在薄膜上打一排孔，使孔数逐渐增多。4 月下旬，在傍晚或阴天将已打破的薄膜揭去。揭膜后及时中耕一遍，将地表的小草及时锄去，并将西葫芦植株上的侧芽和雄花蕾摘除，以避免消耗养分。4 月 20 日以后，雌花陆续开放，应及时进行人工授粉或用激素处理，生产上一般于上午 9 时前后用 30～40 毫克/升的 2,4-D 蘸花，也可用小喷壶、医用注射器向雌蕊注射，以防落花落果。

该期浇水施肥较少，除定植水外，可在揭膜前 3～5天浇 1 次小水，中耕除草后再浇水 1 次，并结合浇水亩施尿素 10～15 千克，以促进植株生长。

（2）结果期的管理　4 月下旬至 5 月初，沟栽近地面覆盖西葫芦进入结瓜期，管理上应加大肥水。开始可以 5～7 天浇水并施肥 1 次，随着外界温度的升高，可 4～5天浇水施肥 1 次。每天上午 9 时左右人工授粉或用 30～40毫克/升的 2,4-D 蘸花。

根瓜长至 250～500 克时采收，以后的瓜长至 500～750 克时采收。

进入 6 月上旬，由于外界温度升高，植株长势减弱并开始出现病毒病，一般每株留 1～2 个瓜摘心，6 月中旬以后采收结束。

结果后期易发生蚜虫和白粉病，应及时打药防治。

26. **西葫芦塑料小拱棚春早熟栽培生育期如何安排？**

一般是在当地晚霜前 50～60 天定植（北京地区在 3

月上旬），苗龄 30～40 天，定植后 25 天左右开始采收，直到 5 月中下旬结束。

27. 西葫芦塑料小拱棚春早熟栽培如何选择适用品种？

应选择株型较小、早熟、抗病、丰产的品种，如早青一代、京葫、新星、碧玉、邯农二号等。

28. 西葫芦塑料小拱棚春早熟栽培如何培育壮苗？

暖式小棚栽培所用的秧苗需要在当地晚霜结束前80～90 天开始播种，此时一般是各地一年之中温度最低的时节，因此需要采用具有加温设备的保护设施如加温温室、大暖窖或温床，使用冬用塑料日光温室就更为方便。具体的育苗技术详见育苗部分。

29. 西葫芦塑料小拱棚春早熟栽培如何整地做畦？

需要重施底肥，一般每公顷用优质农家肥 105000～120000 千克、过磷酸钙 750～1125 千克、碳酸氢铵 750 千克、硫酸钾 450 千克。采用地面普施（用总肥量的 3/5）和开沟集中施用（用剩余肥料）相结合的方法。如果底肥量不足，最好开沟集中施用。

小棚栽培一般有两种形式：一是平畦作，畦宽 1～1.2 米，在畦内按 50 厘米的距离开 2 道深 30 厘米的沟，在沟里集中施肥；二是垄作，按 50 厘米×70 厘米大小行开沟，在沟内集中施肥，把肥料与土充分搅匀，然后在沟内浇水，可操作时再扶起垄，高 20 厘米左右，同时在 70 厘米的大行间扶起 1 条供田间作业行走的垄。

30. 西葫芦塑料小拱棚春早熟栽培如何定植？

棚内 10 厘米地温稳定在 8～10℃、气温稳定到 6℃以上，遇有连续的晴天就可以定植。行距 50～60 厘米，株距 40 厘米，每公顷栽 36000 株左右。

平畦栽培时，先在栽培行上开 10～12 厘米深的沟，在沟内浇水，趁水没渗时，将预先摆放好的苗坨按计划的株距植入沟里，水渗后不要急于覆土，待晒过一个中午之后再填沟覆土，以利提高地温。垄作时，在垄上先刨坑，将苗坨置入后稍用土壅住苗，而后浇水，水渗下后覆土埋住苗坨，使苗坨与垄面持平。

31. 西葫芦塑料小拱棚春早熟栽培定植后如何管理？

（1）温度调节

① 缓苗期 密闭小棚，白天保持 25～30℃，夜间充分利用外覆盖保温设备，尽量不使温度低于 6～8℃。

② 缓苗后到根瓜采收 此期主要是搭丰产架，既要促根生长，又要促茎叶生长。此期的温度一般掌握白天 22～24℃，不超过 26℃；夜间 12～14℃，不低于 8℃。

③ 开花结瓜期 此期的温度管理需要掌握白天不能高，一般 22～25℃，不超过 28℃；夜间不宜低，一般

10～15℃。白天温度超过指标时，要由小到大逐渐增大放风量。夜间的温度可以保证达到15℃以上时，就可撤除草苫。外界温度比较低时，放风一定要避免冷风直接吹到叶子上。当日平均气温稳定在18～20℃、夜间温度不低于10℃时，即可在经过前期大通风锻炼的基础上，选阴天的早晨将棚膜撤除，而后转入露地生产。

（2）追肥浇水

① 根瓜采收前　在浇过定植水的基础上，缓苗以后再浇1次水，此后转入以中耕松土为主的蹲苗时期，一般不追肥也不浇水，严防跑秧。当根瓜长有6～7厘米时，开始第一次追肥浇水，一般每公顷用硝酸铵150～225千克。

② 结瓜期　结瓜后要逐渐缩短浇水间隔时间和追肥间隔期，结瓜盛期一般每4～5天浇1次水，8～10天追1次肥，每公顷每次用尿素225～300千克。最好在揭膜后或是能大通风时，顺水冲入人粪尿2次，每公顷每次用1500～2255千克。

（3）人工授粉和蘸花　栽培前期在棚内没有授粉昆虫的情况下，需要进行人工辅助授粉和2,4-D处理。

32. 西葫芦塑料小拱棚春早熟栽培如何采收？

小拱棚覆盖早熟栽培的西葫芦以采收嫩瓜为主，适时采收，可及早上市，提高经济效益。一般定植后25～30天即可开始采收嫩瓜。雌花开花后7～10天、瓜重250～500克时，即可采收。采收应在早晨进行，轻拿、轻放。

33. 西葫芦塑料大棚早春茬栽培如何选择适宜品种？

春早熟栽培应选用耐低温、长势较强、抗病、瓜条直顺、商品性好的短蔓早熟品种，如早青一代、阿尔及利亚、奇山 2 号、灰采尼等。

34. 西葫芦塑料大棚早春茬栽培生育期如何安排？

华北地区，一般在 2 月中下旬育苗，3 月中旬至 4 月上旬定植，4 月下旬至 5 月初开始收获，6 月中下旬拉秧。

35. 西葫芦塑料大棚早春茬栽培如何育苗？

（1）播种时期 根据大棚内的安全定植期来决定播种日期，大棚栽培西葫芦的安全定植期指标为地温 11℃以上，夜间最低气温不能低于 2℃。华北地区一般在 2 月中下旬至 3 月上旬播种，东北及内蒙古、新疆地区在 3 月中下旬播种。

（2）浸种催芽 播种前 3～5 天，进行种子处理。西葫芦种子种皮较软，吸水快，易"水鼓"，可采取间歇浸种的方法，即先浸种 2 小时，出水后让种仁吸水 1 小时（即停泡 1 小时），再浸种 2～3 小时，种子可充分吸水，这样发芽率高且整齐。西葫芦种子完熟者浮于水，未熟者沉于水，可选浮于水的种子，切忌误以为浮于水的种子均为瘪种子而将其弃掉。

还可温汤浸种。50～55℃温水浸种，水温降至30℃时，继续浸3～4小时。浸种后，必须将种皮上的黏液搓洗干净，捞出种子，晾干种皮上的水分，用湿布包好催芽。催芽适温为25～30℃，2～3天出芽，芽长3～4毫米时即可播种。

(3) 播种 营养钵育苗时，把发芽种子直接播于钵内，每钵一粒；营养土块育苗时，在育苗畦中按10厘米×10厘米株行距点播；用育苗盘播种时，按2～3厘米的株行距点播，再用营养钵分苗。播种后，覆土厚1.5～2厘米。

(4) 苗期管理 出苗前床温，白天25～28℃，夜间12～15℃，地温16～18℃，此期间不通风。开始出苗时逐渐通风降低床温，床内适宜温度，白天18～25℃，夜间10～12℃；子叶展平，第一片真叶现出后，床温适当提高，白天保持22～28℃，夜间12～15℃。移栽前7～10天加强通风，降低苗床温度，进行移栽前的锻炼。温度控制，白天15～22℃，夜间8～12℃。营养土块育苗的，提前5～7天浇水，水渗下后，用长刀在行株间切方块，切的深度为10厘米左右，起苗时断根已经愈合，土块含水量适宜，便于起苗，也可减少因散坨造成的伤根。

(5) 壮苗标准 西葫芦秧苗生长较快，育苗期不宜过长。一般25～30天可育成4片真叶的秧苗，叶片大而肥厚，叶色浓绿，茎粗壮，节间短，已显雄蕾，土坨外须根密布、洁白。

36. 西葫芦塑料大棚早春茬栽培如何确定定植期？

适宜的定植期是考虑当地的气候条件，根据保护设施的保温性能来确定。当棚内 10～15 厘米地温达到 11℃ 以上、夜间最低气温不低于 10℃ 时即可定植，在这个要求下，尽量适期早定植。

华北地区拱圆形大棚内 3 月份的温度比露地最低气温高 2～5℃，西葫芦的安全定植期在 3 月中下旬。大棚内加小拱棚双层覆盖，3 月份的保温效果为 4～8℃，西葫芦的安全定植期在 3 月上中旬。大棚内加小拱棚并盖草苫，同期比拱圆形大棚的保温效果高 5～7℃，西葫芦可于 3 月上旬定植。

东北和西北地区在 4 月中下旬定植，内蒙古东北部和新疆北部在 4 月末至 5 月上旬定植。大棚内覆地膜可提早 3～5 天，大棚内扣小拱棚可提早 5～10 天。

37. 西葫芦塑料大棚早春茬栽培如何整地做畦？

前茬耐寒性蔬菜收获后，立即清除残株，深翻晒土，每亩施优质土杂肥 5000 千克、复合肥 100 千克、腐熟的鸡粪或马粪 1000 千克、腐熟的棉籽饼或豆饼 50 千克、草木灰 30 千克。施肥后再深翻一遍，混匀肥料，耙平地面。然后按 50 厘米小行距、80 厘米大行距，南北向开沟起垄，垄高 20 厘米、宽 80 厘米。

定植前 15～20 天将保护设施覆盖好。白天扣严塑料薄膜，夜间加盖草苫，尽量提高棚内地温。较高的地温不仅可以提早定植期，而且有利于提高植株成活率和促进其迅速生长发育。

38. 西葫芦塑料大棚早春茬栽培如何定植？

定植应选择晴天的上午，最好在寒流刚过，天气开始转晴变暖时进行。是采用穴栽暗水定植，还是开沟明水定植，可根据实际情况灵活掌握。

定植期比较早时，为防止浇大水引起地温下降，可采用穴栽暗水定植。其方法是先在 80 厘米宽的高垄上开一条沟，沟宽 50 厘米、深 10～15 厘米。在沟两侧的垄上按株距挖穴，将苗子带土坨放入穴中，每穴浇水 2～3 千克，水量以浇透为宜。水渗下后封土盖地膜。

如果定植期较晚，外界气温已开始转暖，可采用开沟明水定植，以保证缓苗期植株水分的充足供应。做法是在高垄上开两条沟，沟距 50 厘米，沟深 10 厘米，按株距将幼苗放入沟中，埋少量土，然后引水灌沟。水渗下后从两沟中间取土封沟、培土，在两条沟处形成小高垄，在两沟间形成一条浅沟，供以后浇小水时使用。

西葫芦的根系生长速度快，大龄苗移栽时易伤根，故一定要带土坨移植。栽植不宜过深，以苗子所带土坨的表面与垄面相平即可。

39. 西葫芦塑料大棚早春茬栽培定植后如何进行管理？

(1) 温度管理 西葫芦是喜温蔬菜，不耐霜冻，早春栽培初期外界气温较低，故管理的重点是防寒保温，避免 0℃ 的低温出现，保持适温以利生长发育。大棚内扣小拱棚，并加盖草苫等不透明保温物。西葫芦的定植期在 2 月中旬至 3 月上旬。此时外界气温仍然很低，光照强度偏弱，在管理措施上要以提高棚温为主。定植后的 3～5 天内，保持棚内高温高湿，白天气温控制在 25～30℃，夜间 20℃左右，促进缓苗。缓苗后为防止苗子徒长，温度指标应适当降低 3～5℃，草苫要早揭晚盖，并延长中午通风时间。进入结瓜期后，要适当提高棚温，并加大昼夜温差，白天气温可控制在 28℃左右，晚上 13～15℃。随着天气转暖，通风量应由小到大，时间由短到长，由只通顶风到上下同时进行。进入 4 月中旬以后，外界气温稳定在 12℃以上，可以昼夜通风。5 月中旬以后，光照强度增强，气温升高，要注意防止高温引起植株早衰，及时通风，尽量延长西葫芦的生育期。

当外界白天气温达 20℃以上时，可揭掉塑料薄膜，只进行夜间覆盖。当夜间最低气温稳定在 13℃以上时，可撤掉所有保护设施，使之在露地条件下生长发育。各地撤除保护设施的时间不同，应根据当地的气候条件而定。应注意的是，撤除保护设施的时间不是晚霜已过即撤除，而是在外界温度完全处于适宜于西葫芦的生长发育温度范围内时才进行的。只有这样才能充分发挥保护设施创造良好的环境条件的作用，才能取得较高的产量和经济效益。

如果是在拱圆大棚内定植，没有其他覆盖物，时间一般在 3 月中下旬。虽然外界气温已经较高，但由于棚的保温性能差，管理上须采取闭棚、保温、保湿，尽量不通风的措施。缓苗以后，根据天气、棚温情况，决定通风时间的长短。同时要注意寒流天气，在寒流到来之前，可将地面划锄1～2遍，适当提高棚温，使土壤贮存较多的热量。寒流到来时，封严大棚，如有小拱棚，可临时盖一些草苫、麦秸等防寒物。植株进入生长中后期时，注意及时通风。

（2）水肥管理 西葫芦是需水肥较多的蔬菜，水肥的充足供应是获得高产的关键。但由于早春气温低，3月份以前定植的西葫芦浇水要慎重。若定植水充足，缓苗后可适当延长浇水时间；若定植水不足，可早浇水，但量不能大，这时如浇水过多，不仅降低地温，还易引起植株徒长而落花落瓜，影响早熟。一些早熟品种，坐瓜早、瓜密、生长势弱，结瓜后易发生赘秧现象，应轻度蹲苗，以促为主，缓苗后第一水应适当早浇。结合浇第一水，可随水冲施稀人粪尿，每亩施300～500千克，以促进植株生长和根瓜的膨大。根瓜膨大期和开花结瓜期应加大浇水量和增加浇水次数，保持土壤见干见湿，一般3～5天浇一次水。待撤去覆盖物处于露地条件后，应增加浇水次数。

早春栽培西葫芦每10～15天追一次肥，共追3～4次，每次每亩施用复合肥15～20千克。结果盛期每7～10天可根外追施0.1%～0.3%磷酸二氢钾液。

同时要看天气情况，阴、雨（雪）天，寒流到来前不能浇。3月中下旬定植的西葫芦可适当提前浇水。4～5月份，西葫芦需水肥量增大，应及时施肥浇水。

（3）光照管理 大棚内的光照是蔬菜进行光合作用的主要能源，也是提高大棚温度、维持蔬菜生长发育的热源。光照不足时，叶片同化能力减弱，叶大而薄，颜色淡。低温弱光易发生落花化瓜，易感病害。在高温弱光环境中，植株呼吸作用加强，养分积累少，且易徒长。塑料薄膜的透光率随使用时间的延长而发生显著的变化，一般新膜透光率 80%～88%，覆盖 1 个月后，薄膜下 0.5 米处透光率为 70%，覆盖 3 个月后，透光率仅为 50% 左右。2 月中下旬定植西葫芦的塑料大棚，多数已经使用过一段时间，棚膜灰尘污染相对较重，定植前最好用肥皂水擦拭棚膜一遍，再用清水冲洗干净。定植后仍要定期用干布擦拭尘土、杂质等，保证薄膜有较高的透光率。采用大拱棚多层覆盖时，要注意白天及时揭去不透明覆盖物及小拱棚上的薄膜。揭盖草苫要按照温度指标适时进行。日出后拉苫子，棚内温度不下降或略降，即为合适。日落前盖苫子，次日日出前后棚内温度达到所要求的温度，说明盖得适时；若温度低，说明盖晚了；若温度高，则说明盖早了。阴、雨（雪）天气，应适当早盖。一般雨雪天气，棚内气温不降就应揭开；连续阴天也应揭开，但下午要早盖。连续阴天转晴天时，切不可于阳光强时猛然全部揭开，应在光线弱时揭开，光强时盖上，或断续间隔揭开，使植株逐渐适应。3 月份以后，外界光照强度、气温条件逐渐改善，西葫芦进入快速生长的时期，管理上应勤擦棚膜，给西葫芦创造一个良好的生长环境。中后期，应进行植株调整，使植株处于最佳的光照条件下，促进其早产、高产。

（4）**整枝打杈**　早熟栽培西葫芦多为矮生品种，分枝力弱，一般不必整枝，只将生长点朝南向即可。这样瓜秧方向一致，互不影响，便于管理和采收。

（5）**保花保果**　西葫芦可单性结实，但授粉有利于提高坐瓜率，减少化瓜，增加产量。早熟栽培早期外界气温尚低，昆虫很少，加上塑料薄膜密闭，不易接受昆虫传粉。因此，人工辅助授粉十分必要。此外，用生长刺激素防止落花落果也很重要。具体方法同露地栽培。为了节省养分，多余的雄花、雌花及枯老黄叶应及早摘除。

40. 西葫芦塑料大棚早春茬栽培如何采收？

西葫芦栽培中，采收越早，经济效益越高。故开花后10天即可采收 0.25 千克左右的嫩瓜上市。

41. 西葫芦塑料大棚秋延后栽培如何选择适用品种？

应选用耐热、抗病、耐寒的早熟高产品种，如曼谷绿二号、邯农二号、玉女等。秋延后西葫芦宜选用早熟抗病、耐湿、耐弱光、耐低温性较强的丰产品种，如早青一代、碧玉等。

42. 西葫芦塑料大棚秋延后栽培如何育苗？

西葫芦秋延后栽培由于苗期处于高温多雨季节，容易感染病毒病。为防止病毒病的发生，一是要选择适当的播种期，二是要有降温防雨设施，三是要防止蚜虫传播病毒病。在我国北方地区，西葫芦秋延后栽培育苗期一般在8月上旬，育苗畦上用竹片做成拱架，上覆银灰色遮阳网，雨天加盖塑料薄膜防雨，4～5天喷药1次防治蚜虫，以免病毒病的发生。一般 20～25 天即可育成有 4～5 片真叶的大苗。

43. 西葫芦塑料大棚秋延后栽培采用高垄栽培有何优点？

在覆盖大中棚的地段，采用小高垄栽培，根据经验，垄作不仅有利于防止雨涝引起的烂秧死秧，而且也便于覆盖银灰或黑色地膜，这样可以大大减少病毒病的发生和减轻病毒病的危害。这是西葫芦栽培成功的一个关键。

44. 西葫芦塑料大棚秋延后栽培定植及如何定植？

定植前应施足基肥，一般亩施腐熟农家肥 5000 千克左右，并加入 50～100 千克过磷酸钙作基肥。定植前全面撒施，定植时浇透定植水，3～5 天后浇缓苗水。一般 8 月下旬到 9 月上旬定植。定植前大棚应覆盖遮阳网，以降低地面温度。定植后应浇大水，以促进缓苗。以后应经常保持畦面湿润，适时中耕 3～4 次，以防止杂草生长，促进秧苗健壮。

45. 西葫芦塑料大棚秋延后栽培定植后如何管理？

（1）**棚温管理**　前期因外界温度较高，应覆盖遮阳网遮阴降温。9 月下旬以后，随着气温的降低，应揭去遮阳网并覆盖塑料薄膜保温，放底风以调节棚温。10 月上旬以后，随外界温度的进一步下降，逐渐将四周严闭。棚内温度白天控制在 25～28℃，夜间 15～20℃。10 月下旬以后，应保温防寒，可在棚内加盖小拱棚形成双层覆盖，但在日出后必须揭开小拱棚的薄膜，日落前重新盖上薄膜。夜间还可在棚外四周加围草帘。

(2) 肥水管理 西葫芦定植缓苗后，摘除所有的侧芽。一般 3～5 天浇水 1 次，并及时中耕，保持土壤疏松湿润。根瓜坐住后随浇水进行追肥，每亩每次追施尿素 10 千克左右。9 月下旬以后，随天气转冷，一般隔 10～15 天灌水施肥 1 次，这时还可在根旁埋施马粪、羊粪等热性肥料，并且在根部多培土，可延长至 11 月中下旬拉秧。

(3) 保花保瓜 大棚覆盖棚膜后要采取人工辅助授粉措施和植物生长刺激素处理方法，进行保花保瓜。人工授粉应在上午 8～9 时进行，先采集当天盛开的雄花，除去花冠，持花药轻涂在雌花柱头上。一朵雄花可授 3 朵雌花。人工授粉应坚持每天进行。目前常用的生长刺激素是防止离层增生、减少落花落果的药剂，如 2,4-D 或番茄灵。可在开花的当天上午或前一天，用浓度为 20～30 毫克/千克的 2,4-D 或萘乙酸液涂抹果柄和子房，亦可用 40～50 毫克/千克的番茄灵用小型喷雾器喷洒柱头。

(4) 病虫防治 防治蚜虫，控制病毒病的发生，是西葫芦秋延后栽培成败的关键。一般 5～7 天喷药 1 次；另外还可在前期晴天中午喷水以增加湿度、降低温度，防止病毒病的发生。

46. 西葫芦塑料大棚秋延后栽培如何采收？

西葫芦秋延后栽培的采收期从 9 月下旬至 11 月中旬，大约 50 天左右，前期应适当早收，以促进植株发育和坐瓜，后期应适当迟采，以增加单瓜重量。

47. 西葫芦日光温室冬春茬栽培如何安排生育期？

冬春茬早熟栽培一般于 12 月中下旬至翌年 1 月上旬播种，1 月中旬至 2 月上中旬定植，3 月上旬始采收，一直采收到 5 月中下旬。此茬西葫芦主要供应早春淡季市场，一般平均亩产 5000 千克左右，是目前经济效益和社会效益较高的一种栽培模式。

48. 西葫芦日光温室冬春茬栽培如何选择适宜品种？

冬春茬日光温室应选用耐低温、耐弱光、抗病性强、早熟、优质高产品种，如早青一代、冬玉、嫩玉、京葫 1 号、京葫 2 号、法国纤手等。

49. 西葫芦日光温室冬春茬栽培如何育苗？

育苗可依定植期早晚而定，一般于 12 月中下旬至翌年 1 月上旬在温室里进行。

冬季进行西葫芦育苗，日照时间短，外界温度低，为了在定植后尽早进入采收期，多采用3叶1心到4叶1心的大龄苗，苗龄在40~45天。定植前7天开始低温炼苗，白天控制在20℃左右，夜间10℃左右。定植必须选择在寒流或阴雪天气刚过、好天气开始时进行。定植后经过几个晴天，光照足，温度高，有利于缓苗。

50. **西葫芦日光温室冬春茬栽培如何整地做畦？**

(1) 整地、施肥和做畦 西葫芦根系发达，入土较深，植株生长快、生长期长、产量高。定植前应进行深翻施肥。一般深翻深度为30厘米左右，亩施农家肥5000千克以上，将其2/3撒施地面，再深翻细耙1次。做畦时，将剩余的1/3农家肥与过磷酸钙50千克或磷酸二铵20千克、硫酸钾30千克混合掺匀后，结合起垄做畦施入畦内并掺匀耙平。

起垄时可按大小行起垄，也可等距离起垄。大小行起垄畦宽1.2~1.4米，大行之间宽约70~80厘米，小行之间宽约50~60厘米，大小行相间排列。在小行上做双垄，垄高12~15厘米，株距45~50厘米，两行交错定植。等距离起垄栽培，行距为60~80厘米，行内起垄高12~15厘米，株距以40~50厘米为宜。起垄栽培能加厚土壤耕层，土质疏松，通透性好，营养集中，并有利于土壤增温。起垄栽培还有利于排水灌水，避免土壤板结，也有利于改善田间通风透光，提高植株光合能力，同时也比平畦更便于覆盖地膜和搭架吊蔓栽培。

(2) 覆盖地膜 冬春茬西葫芦覆盖地膜是一项十分重

要的技术措施，日光温室大小行暗灌地膜覆盖方式见图 6-3。

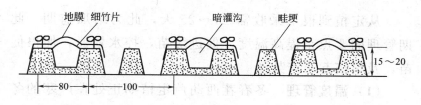

图 6-3　日光温室大小行暗灌地膜覆盖方式（单位：厘米）

覆盖地膜能够减少土壤水分蒸发，有利于保墒和降低室内湿度，减少病害的发生；地膜覆盖也有利于提高地温。据测定，覆盖地膜中午时地温比不覆盖地膜高 5℃ 左右，黎明时高 2℃ 左右。覆盖地膜还可以防止土壤板结，保持土壤疏松，使土壤微生物活动增强，加速有机质的分解，提高土壤肥力，促进根系的发育和生长。

51. 西葫芦日光温室冬春茬栽培如何定植？

定植前 10～15 天扣地膜。定植要选择在晴天上午进行，要选健壮苗，并把大小苗分开。大苗栽到东、西两端和前部，小苗栽到温室中间。定植时在垄上破膜开穴，把苗栽入使苗坨稍露出地面，分株浇完稳苗水后覆土使苗坨面与膜面持平，再用土将膜的开口封压住。冬春茬定植时，地温、气温都低，为了促进缓苗，一般在分株浇完稳苗水之后，不要急于顺沟浇大水，以后还须分株浇 1～2 次水。等缓苗后再顺沟浇 1 次透水，把垄湿透。

52. 西葫芦日光温室冬春茬栽培结瓜前期如何管理?

从定植到根瓜采收需 20～25 天, 此为结瓜前期。此期管理的要点是提高温度, 促进缓苗, 控水划锄, 促根促苗, 及早搭起丰产架子。

(1) 温度管理 冬春茬西葫芦定植期正处在严寒的冬季, 光照弱, 温度低, 在管理措施上以增温、保温为主。有条件的最好加扣小拱棚, 定植后 5～7 天内密闭保温、保湿, 促进缓苗。以后可以白天揭开薄膜增加光照, 夜间覆盖保温, 若遇到寒流, 也可增加覆盖物或人工增温。白天气温不超过 30℃ 不通风, 气温最好保持在白天 25～30℃、夜间 20℃左右。缓苗以后实行变温管理, 温度指标相应降低, 以利于苗子健壮生长。

(2) 植株调整 植株 8 叶 1 心时即可开始吊蔓。生长期间可去掉下部老黄叶, 保留上部 8～10 片新叶。整个开花结果期, 应及时疏除植株上的化瓜及畸形瓜。若采用激素点花, 还应摘取植株上的雄花。

(3) 保花保果 雌花开放后要人工辅助授粉与 2,4-D 蘸花相结合, 保花保果。人工辅助授粉: 于 6:00～8:00 采摘当天开放的雄花, 将花粉轻轻抹在雌花柱头上。激素处理: 清晨雌花刚开放时, 用毛笔蘸 20～30 毫克/千克 2,4-D 溶液, 在雌花柱头和瓜身上涂抹 1 次 (瓜身要纵向涂抹)。

(4) 浇水 根瓜长有 6～10 厘米时, 开始浇第一次水, 浇水要选晴天的上午进行。第一个瓜长到 250 克时即采收，以利长秧和以后的结瓜。

 西葫芦日光温室冬春茬栽培结瓜盛期和后期如何管理？

根瓜采收到 5～6 个瓜时为结瓜盛期。此期管理重点是加强肥水管理，满足大量结瓜和长茎叶的需要，同时要防高温，控秧促瓜。

（1）温度管理　进入结果期后，适当提高温度，白天气温控制在 25℃左右，夜间 15℃左右为宜，地温最低18～22℃。

（2）浇水施肥　初期 5～7 天浇一水，盛期 3～5 天浇一水。浇水宜在每批瓜大量采收前 2 天进行，不要在大批瓜采后的 3 天内浇水，这样有利于控秧促瓜。追肥要 1 次清水 1 次水冲肥。追化肥宜钾、氮肥配合，氮肥前期宜用硝酸铵，每公顷每次 300～450 千克；钾肥宜用硫酸钾，每公顷每次 225～300 千克。进入 4 月份放风量大时，可顺水冲入粪稀 2～3 次，每公顷 15000～22500 千克。浇水前用百菌清烟剂熏烟或用 50％多菌灵可湿性粉剂 500 倍液喷洒，浇水后通风散湿，可有效预防病害的发生。如果植株长势较弱，叶子发黄，可用糖氮液（0.4％蔗糖加入0.4％尿素）喷洒叶面。

（3）光照管理　阴天，只要揭开草苫后棚内气温不低于 5℃就应揭苫见光。即使是散射光，对西葫芦的生长也是十分有利的。连阴骤晴时，不能将草苫马上全部揭开。因为秧苗长时间处在弱光条件下，代谢功能变弱，吸收水分的能力降低，所有生理活动均处在较低水平，若突遇强光照，植株的代谢活动突然增加，水分消耗急剧增大，而植株本身来不及调整自身的生理活动，供水严重不足，会引起植株缺水、烧苗。正确做法是：先揭一部分草苫，逐渐增加光照强度，使植株有一个适应过程；中午光照最强时，可以暂不揭草苫，等光照变弱时再揭。

根据具体情况，及时打老叶、病叶、侧枝等以增加透光率。

保花保果：此期仍须坚持人工辅助授粉与 2,4-D 蘸花相结合，保花保果。

54. 西葫芦日光温室冬春茬栽培结瓜后期如何管理？

采收 5～6 个瓜后植株已近衰老，应适当控制肥水，可比盛瓜期追肥少些，但浇水还必须保证。

55. 西葫芦日光温室冬春茬栽培如何适时采收？

冬春茬西葫芦以采收嫩瓜为主，商品性状要求瓜小，鲜嫩均匀，根瓜长到 250～300 克时即可采收，第 2 条瓜长到 500 克左右时也可采收。采收时还应观察植株长势和结瓜情况，生长势较弱、雌花较多的植株，应适当早摘；生长势较强、有徒长现象的植株应适当晚摘。生长后期，市场价格变化不大，外界气温变暖，生长条件明显好转，可适当留大瓜，以提高总产量。采收最好在早上揭开草苫后进行，以保证产品的新鲜。

56. 西葫芦日光温室春茬栽培如何选择适宜品种？

多以早青一代为专用品种，另外也可选择其他早熟丰产品种，如花叶西葫芦、灰采尼等。

57. 西葫芦日光温室春茬栽培如何育苗？

从 11 月下旬到翌年 1 月下旬均可播种育苗。由于处在一年内温度最低的时期，最好在温室内采用电热温床育苗。苗期管理及壮苗指标参见冬春茬育苗。

58. 西葫芦日光温室春茬栽培如何整地施肥和定植？

亩施腐熟厩肥 5000 千克、过磷酸钙 100 千克左右，2/3 普施，然后深翻 2～3 遍，使土与肥拌匀后耙平地面。

定植前按行距 80～100 厘米南北向开沟，将剩余的 1/3 基肥施入沟内，有条件的还可每亩施入腐熟饼肥 150～200 千克或磷酸二铵 50 千克，与土拌匀，然后顺沟浇水，水渗一半后将西葫芦苗按株距 40～50 厘米摆放于沟内，渗完水后用土封沟。缓苗后，用锄在两行西葫芦间起垄，以便灌溉和行走。起垄后，选晴天顺畦浇 1 次大水。

59. 西葫芦日光温室春茬栽培定植后如何管理？

(1) 结瓜前期的管理 该期管理的关键是保持较高温

度，控制浇水，加强中耕，以保墒和提高地温，促进根系和茎叶生长，为丰产奠定基础。定植后 5～7 天不放风，白天保持 25～28℃，夜间 15～18℃。缓苗后，白天 22～25℃，夜间 15℃，每 4～5 天中耕 1 遍，连续 3～4 遍。适时搭架或吊秧，并及早摘除侧芽和雄花蕾。雌花开放时用 2,4-D 蘸花或人工授粉，根瓜长至 10 厘米长时，浇水追肥 1 次；根瓜长至 250 克左右时及早采收，以利于植株生长和以后果实形成。

（2）结瓜盛期的管理 这一时期管理的关键是加强肥水管理，以满足果实生长和植株生长对肥水的需求。白天温度控制在 25～28℃，夜间以 15～18℃ 为宜。初期 7～10 天浇水 1 次，随外界温度升高，5～7 天浇 1 次水。一般隔 1 次水，施 1 次肥，每次施尿素或硝铵 20 千克左右，并注意适当补充磷钾肥。浇水追肥应在采瓜前 2～3 天进行，既可促进果实生长，也可抑制植株徒长。每天坚持用 2,4-D 蘸花或人工授粉。采瓜高峰过后，如果植株过密，可适当间拔部分植株。

（3）结瓜后期的管理 植株生长到 5 月中下旬采完 5～6 个瓜后，植株已衰老，此时病毒病开始发生，管理上应留 1～2 个瓜后及时摘顶，并根据市场价格、植株长势等情况早拔秧。

60. **西葫芦日光温室秋冬茬栽培茬口如何安排生育期？**

9 月上旬至 10 月中旬播种育苗，11 月中旬定植，翌年 1 月始收，2～5 月为盛收期，5 月中下旬拉秧。

61. 西葫芦日光温室秋冬茬栽培如何选择适宜品种？

应选用抗病、早熟、矮生、高产的品种，目前尚无理想抗病毒病品种，仍多采用早青一代、花叶西葫芦等。

62. 西葫芦日光温室秋冬茬栽培如何育苗？

（1）**适期播种** 一般认为在当地平均气温 21～22℃时播种比较适宜。由此推算，在北纬 41°以北和海拔高的地区，宜在 8 月份播种，在此间纬度和海拔越高播种越早，而在北纬 40°以南地区一般要求在 9 月上旬播种。其日历苗龄 20～25 天，定植后 20～25 天可上市，采收期可达 2 个月以上。

（2）**苗床准备** 棚外苗床应选在避风、离水源近、靠近日光温室、管理方便的地方。根据种植面积，按每平方米苗床育苗 100 棵，育苗数比实际定植数多 20%～30%的比例，确定苗床面积。8 月底至 10 月上旬，气温、地温都较高，为了便于控制温度，一般应在温室外育苗。生产上多采用小拱棚或中拱棚作育苗畦育苗。拱棚宽 200～350 厘米、高 100 厘米以上，每个拱棚中可做育苗畦 1～2 个。实行嫁接育苗的，应在拱棚中育西葫芦和黑籽南瓜苗，再于大棚内嫁接并育苗。空间大的苗床育苗效果较好。为防止后期冻害，要备好防寒草苫。若 10 月中旬播种而外界气温又偏低，应在温室内育苗。在温室内育苗的，要于适当的位置做南北向苗床，以利整地、做畦和定植。苗床宽

100～120 厘米、深 20 厘米，长度依需要而定。苗床整平踏实后，撒一层草木灰，再覆盖营养土 10～12 厘米或直接将营养钵内装入营养土，排放在育苗床内，用细土填充缝隙，排装完毕后浇透水。如果苗床面积过大，也可按比例配好肥料，撒在畦面上，再将苗床翻掘 12 厘米深，耙细，耧匀，整平。拱棚苗床见图 6-4。

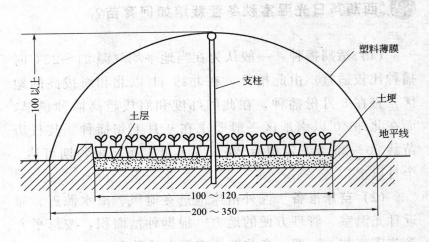

图 6-4　拱棚苗床（单位：厘米）

（3）营养土的配制　配制营养土是培育壮苗的重要措施。配制营养土时，可用肥沃的、5 年内没有种过瓜类蔬菜的壤质土 6 份，腐熟马粪厩肥 4 份，混匀后过筛；有草炭土的地方也可用 4 份草炭土、3 份壤质土、3 份腐熟的马粪厩肥，混匀后过筛。每立方米上述混合土中再加入腐熟粪干 20 千克、复合肥 1～2 千克、草木灰 5 千克、2.5% 敌百虫 60～80 克、50% 甲基托布津或 50% 多菌灵80 克掺匀。用于嫁接的西葫芦育苗时的培养土，可用无病土和清洁的河沙各 5 份混合，然后再在每立方米混合土中加入 1 千克三元复合肥拌匀。

（4）**种子处理** 为使幼苗健壮、无病和出苗整齐，必须对种子进行精选，然后消毒、浸种、催芽。具体方法见育苗部分。

（5）**需要采用护根育苗** 采用营养钵（筒、袋）进行护根育苗也是预防病毒病不可忽视的一项措施。特别是采用大纸袋育苗，将苗子与纸袋一起栽植到土里，伤根基本可以杜绝。

（6）**搭架、罩网，防虫遮阴** 在畦上搭起 1 个 1 米左右高的拱棚，其上用灰色尼龙窗纱或专用防蚜纱网覆盖严，既可防蚜虫和白粉虱，又可遮阴避强光。

（7）**严格用药** 发现病株要及时拔除，并喷药防治。同时，从苗期开始就要使用抗病毒病的药剂，一般可用抗毒剂 1 号、抗病威、病毒必克等灌根，同时喷雾。

（8）**保证水分供应** 干旱也是诱发病毒病的一个环境条件。育苗期间必须保证水分供应，同时保证水分供应也可以起到降低地温的作用。

（9）**苗床管理** 西葫芦出苗以前，要求育苗床温度较高，白天宜保持在 25～30℃，夜间 16～18℃，地温 15℃以上，3～5 天即可出苗。出苗前一般不通风，但如果中午阳光好，当拱棚内气温超过 32℃时，可适当通风。出苗后要及时撤去地膜，通风降温，白天控制在 20～25℃，夜间 12～13℃。白天超过 25℃时通风，低于 20℃时要闭棚，以避免幼苗下胚轴拔高，造成高脚苗。自第 1 片真叶展开至定植前 10 天，应将苗床温度提高至 22～28℃，促进幼苗加快生长发育。定植前 7～10 天进行降温炼苗，白天最高温度可由 22℃逐渐降至 18℃，夜间最低温度由 13℃逐渐降至 10℃，定植前 2～3 天再次适当降低苗床温度，使秧苗受到充分锻炼。

为防止苗期虫害，可用 80% 敌百虫可湿性粉剂或 50% 辛硫磷乳油，按 1∶100 配成毒饵或毒土，以小堆堆放于苗床周围。白粉虱、蚜虫既可直接为害幼苗，又可传播病毒病，若发现应立即喷洒 600～800 倍氧化乐果，或用 25% 敌杀死、20% 速灭杀丁、25% 功夫稀释 2000 倍，每隔 6 天喷 1 次，连喷 3 次。若发现有猝倒病、立枯病病株，要及时拔除，并喷洒 600 倍百菌清。定植前一定要在苗床喷一次 600 倍百菌清或多菌灵药液。

健壮秧苗的特征是：株型矮壮，株高 10 厘米左右，3～4 片叶，茎粗 0.4～0.5 厘米，叶片小，叶色浓绿，叶柄长度相当于叶片的长度，苗龄 30 天左右；嫁接苗的适宜苗龄为 40 天左右，形态指标为三叶一心或四叶一心，生长健壮，子叶完好，叶厚，茎粗。定植前应进行低温炼苗。

63. 西葫芦日光温室秋冬茬栽培如何整地做畦？

(1) 定植适期 华北中南部地区一般在 9 月下旬至 10 月上旬定植，定植前上好棚膜，但要底脚放风。

(2) 整地、施肥、做垄 每亩施用腐熟的优质圈肥 5～6 立方米、鸡粪 2000～3000 千克、磷酸二铵 50 千克，还可增施饼肥，每亩 150 千克。将肥料均匀撒于地面，深翻 30 厘米，耙平地面。施肥后，于 9 月下旬至 10 月上旬扣好塑料薄膜。定植前 15～20 天，用 45％百菌清烟剂每亩 1 千克熏烟，严密封闭温室进行高温闷棚消毒 10 天左右。

64. 西葫芦日光温室秋冬茬栽培如何定植？

定植方式有两种：一种方式是大小行种植，大行 80 厘米，小行 50 厘米，株距 45～50 厘米，每亩 2000～2300 株；另一种方式是等行距种植，行距 60 厘米，株距 50 厘米，每亩栽植 2200 株。按种植行距起垄，垄高 15～20 厘米。

定植时仔细从苗床起苗，在垄中间按株距要求开沟或开穴，先放苗并埋入少量土固定根系，然后浇水，水渗下后覆土并压实。定植后及时覆盖地膜，栽培垄及垄沟全部用地膜覆盖。

65. 西葫芦日光温室秋冬茬栽培定植后如何管理？

（1）温度调控　缓苗阶段不通风，密闭以提高温度，促使早生根、早缓苗。白天棚温应保持 25～30℃，夜间 18～20℃，晴天中午棚温超过 30℃时，可利用顶窗少量通风。缓苗后白天棚温控制在 20～25℃，夜间 12～15℃，促进植株根系发育，有利于雌花分化和早坐瓜。坐瓜后，白天提高温度至 22～26℃，夜间 15～18℃，最低不低于 10℃，加大昼夜温差，有利于营养积累和瓜的膨大。

温度的调控措施主要是按时揭盖草苫、及时通风等。深冬季节，白天要充分利用阳光增温，夜间增加覆盖保温，在覆盖草苫后可再盖一层塑料薄膜。清晨揭盖后及时擦净薄膜上的碎草、尘土，增加透光率。还可在后立柱处张挂镀铝反光幕以增加棚内后部的光照。

2月中旬以后，西葫芦处于采瓜的中后期，随着温度的升高和光照强度的增加，要做好通风降温工作。根据天气情况等灵活掌握通风口的大小和通风时间的长短。原则上随着温度升高要逐渐加大通风量，延长通风时间。进入4月下旬以后，利用天窗、后窗及前立窗进行大通风，不使棚温高于30℃。

（2）植株调整

① 吊蔓　对半蔓生品种，在植株有8片以上叶时要进行吊蔓与绑蔓。田间植株的生长往往高矮不一，要进行整蔓，扶弱抑强，使植株高矮一致，互不遮光。吊蔓、绑蔓时还要随时摘除主蔓上形成的侧芽。

② 落蔓　瓜蔓高度较高时，随着下部果实的采收要及时落蔓，使植株及叶片分布均匀。落蔓时要摘除下部的老叶、黄叶。去老、黄叶时，伤口要离主蔓远一些，防止病菌从伤口处侵染。

③ 保果　冬春季节气温低，传粉昆虫少，西葫芦无单性结实习性，常因授粉不良而造成落花或化瓜。因此，必须进行人工授粉或用防落素等激素处理才能保证坐瓜。方法是在上午9～10时，摘取当日开放的雄花，去掉花冠，在雌花柱头上轻轻涂抹。还可用30～40毫克/千克的

防落素等溶液涂抹刚开的雌花花柄。

（3）肥水管理　定植后根据墒情浇一次缓苗水，促进缓苗。缓苗后到根瓜坐住前要控制浇水。当根瓜长达 10 厘米左右时浇一次水，并随水每亩追施磷酸二铵 20 千克或氮磷钾复合肥 25 千克。深冬期间，约 15～20 天浇一次水，浇水量不宜过大，并采取膜下浇暗水。每浇两次水可追肥一次，随水每亩冲施氮磷钾复合肥 10～15 千克。要选择晴天上午浇水，避免在阴雪天前浇水。浇水后在棚温上升到 28℃时，开通风口排湿。如遇阴雪天或棚内湿度较大，可用粉尘剂或烟雾剂防治病害。

2 月中下旬以后，即间隔 10～12 天浇一次水，每次随水每亩追施氮磷钾复合肥 15 千克或腐熟人粪尿、鸡粪 300 千克。植株生长后期叶面可喷洒光合微肥、叶面宝等。

二氧化碳施肥：冬春季节因温度低、通风少，若有机肥施用不足，易发生二氧化碳亏缺，可进行二氧化碳施肥以满足植株光合作用的需要。常用碳酸氢铵加硫酸反应法，碳酸氢铵的用量，深冬季节每平方米 3～5 克，2 月中下旬后每平方米 5～7 克。

66. **西葫芦日光温室秋冬茬栽培如何适时采收?**

西葫芦以食用嫩瓜为主，开花后 10～12 天，根瓜达到 250 克即可采收，采收过晚会影响第二瓜的生长，有时还会造成化瓜。长势旺的植株适当多留瓜、留大瓜，徒长的植株适当晚采瓜；长势弱的植株应少留瓜、早采瓜。采摘时要注意不要损伤主蔓，瓜柄尽量留在主蔓上。

67. 西葫芦如何进行贮藏保鲜？

适宜的贮藏温度为 5～10℃，相对湿度为 70％～75％，在此条件下可贮藏 2～3 个月。主要有以下贮藏保鲜方式：

（1）窖藏 宜选用主蔓上第二个瓜，根瓜不宜贮藏。生长期间，最好避免西葫芦直接着地，并要防止暴晒。采收时，谨防机械性损伤，特别要禁止滚动、抛掷。西葫芦采收后，宜在 24～27℃ 条件下放置 2 周，使瓜皮硬化，这对成熟度较差的西葫芦尤为重要。

（2）堆藏 在空室内地面上铺好麦草，将老熟瓜的瓜蒂向外、瓜顶向内依次码成圆堆形，每堆 15～25 个瓜，以 5～6 层为宜。也可装筐贮藏，筐内不要装得太满，瓜筐堆放以 3～4 层为宜。堆码时应留出通道。贮藏前期气温较高，晚上应开窗通风，白天关闭遮阳。气温低时，关闭门窗，温度保持在 0℃ 以上。

（3）架藏 在空屋内，用竹、木或钢筋做成分层的贮藏架，架底垫上草袋，将瓜堆在架子上，或用板条箱垫一层麦秸作为容器。此法透风散热效果比堆藏好，贮藏容量大，便于检查，其他管理办法同堆藏法。

（4）嫩瓜贮藏 应贮藏在温度 5～10℃ 及相对湿度 95％ 的环境条件下，采收、分级、包装、运输时应轻拿轻放，不要损伤瓜皮，按级别用软纸逐个包装，放在筐内或纸箱内贮藏。临时贮存时，要尽量放在阴凉通风处，有条件的可贮存在适宜温度和湿度的冷库内。在冬季长途运输时，还要用棉被和塑料布密封覆盖，以防冻伤。一般可贮藏2周。

第七章

西葫芦生长发育障碍及其对策

1. 西葫芦老化苗发病原因和防治措施是什么?

　　(1) 症状　老化苗在外观形态上是头几片叶生长正常,随着叶片的增多,上部叶片变小,龙头出现燕麦弯曲,或小叶片紧聚出现花打顶现象,严重时生长点消失。这在冬春茬西葫芦生产上表现尤为突出。

　　(2) 发病原因　未经过大温差育苗;定植后地上部生长不协调,没有强大的根系;在进入初花期后,夜间温度过高,使呼吸消耗加大。因前期温光条件较好,在结果后期一旦遇到低温寡照天气,地温下降,根系活动受到抑制,前期已经形成较多的雌花,结了一部分瓜,消耗养分多,生殖生长抑制了营养生长,植株上部特别是生长点部分得到的养分少,植株出现燕麦弯曲或花打顶。出现这种现象,即使光照条件变好,提高温度,追肥灌水，但因根系已经衰弱，严重失去平衡的植株也很难恢复。

（3）防治措施 在育苗期间加强管理，培育壮苗。在定植后实行变温管理，提高植株的抗逆性，使地上、地下生长达到平衡。遇到灾害性天气时，加强保温，增加覆盖，注意气温、地温的下降幅度，避免气温降到 6℃ 以下、地温降到 12℃ 以下。

2. 西葫芦徒长苗发病原因和防治措施是什么？

（1）症状 徒长苗在外观形态上是茎叶生长繁茂，节间伸长，叶片大而薄，颜色较浅。在结果期徒长常常引起化瓜。

（2）发病原因 夜间温度高，昼夜温差小，密度过大，光照不足，氮肥和水分过多。

（3）防治措施 控制夜间温度，加大昼夜温差，合理密植，合理施肥，即氮、磷、钾肥配合使用。

3. 西葫芦落花落果发病原因和防治措施是什么？

（1）发病原因 ①花的质量是左右坐果的根本影响因子。如果温度过高或过低，夜温比日温还高，会影响花的数量与质量。在弱光下，由于同化机能减弱，花小，雌、雄蕊发育不良，花的质量差，落花落果严重。土壤肥力及施肥水平也会影响花的质量。生长在肥沃的土壤中，落花率较低，故栽培蔬菜的土壤一定要肥沃。水分太多，湿度过大，植株徒长，长出的花质量会变差。②没有授粉与受精。遮阳网、防雨棚、防虫网覆盖影响昆虫的活动，较易造成授粉不良。因此，目前在生产上已推广进行人工授粉或引进蜜蜂授粉，可提高坐果率。胚珠退化或不能正常受精，亦会造成落花。③温度过高过低。温度变化过大或过高过低，亦会造成落花。④光照不足。植株密度过大，花期阳光不足，会造成大量地落花。⑤水分过高过低，均会引起落花落果。土壤湿度过大会导致烂根，叶变卷发黄，花果大量脱落。开花时，土壤水分缺乏，容易引起离层的形成，坐果率下降。

(2) 防治措施 ①防落素 10～30 毫克/千克，坐果灵每片加水 2.5～3 千克，防止落花。②坐瓜灵 10～50 毫克/千克，点瓜柄或涂抹瓜胎。③2,4-D 50～100 毫克/升，涂抹在花柱基部与花瓣基部之间。

4. 西葫芦化瓜发病原因和防治措施是什么？

(1) 症状 保护地栽培西葫芦，因光照不足，光合效率低，生产物质少，对地下部分配更少，而地上部要保证非生产器官的养分，雌花和幼瓜因供给养分极少，甚至得不到养分而黄化、脱落。

(2) 发病原因

① 花粉发育不良和不授粉 保护地中温度低，湿度过高，在低温高湿的条件下，花粉发育不良和雄花不易散粉，而且柱头过湿不易粘粉，致使雌花授粉不良，不能授粉受精而化瓜。

② 授粉不良 冬季棚内几乎没有昆虫为西葫芦传粉受精，西葫芦为雌雄同株异花，以昆虫为媒，这样未受精的雌花化瓜率极高，即使结成单性瓜，瓜的产量和质量也很低。

③ 雄花少 保护地低温短日照条件下，由于光照不足，造成西葫芦产生的雌花多、雄花少，再加上花期短，造成授粉不利而化瓜。

④ 营养不良 幼苗期严重缺肥或干旱，植株瘦弱，子房弱小，营养不良和发育不良也是化瓜的原因之一。另外，病害也可造成化瓜。

⑤ 花粉发育不健全 有些品种在低温或高湿下，花粉发育不健全，也会造成生理性化瓜。

(3) 防治措施

① 加强管理 培育和选用健壮的幼苗定植，获得健壮的秧苗和植株是防止化瓜的重要措施；合理施肥，注意磷、钾肥搭配，正确蹲苗，使营养生长和生殖生长协调一致；及早采收嫩瓜，防止因营养不足而使后续瓜化瓜，老熟瓜应每蔓一瓜，瓜坐的位置应适当。上述措施均有助于防止化瓜。

② 人工授粉 实行人工辅助授粉是促进西葫芦正常结瓜的重要措施。授粉时，应选择在晴天上午 8～10 时进行。首先收集当天盛开的雄花的花粉，即用剪刀把正在开放的蕊剪下，集中放在玻璃培养皿中或干燥的小碟内，然后用毛笔蘸取混合的花粉轻轻涂抹在盛开的雌花柱头上。另一种人工授粉的方法更为简单，即将花用手采摘下来，撕去花瓣，把整个蕊直接对放在雌花上，让花粉粒自然、

大量地落在雌花柱头上。

③ 使用植物生长激素　利用植物生长激素，促进西葫芦分化雌花和保花保果，对提高产量有显著效果。目前常用的生长激素有两种：a. 在西葫芦生长到 3～4 叶期，用乙烯利 2500 倍稀释液直接向叶面喷洒，可促进瓜苗提早分化雌花，并提早开花、结果。配制乙烯利溶液的方法，将 1 毫升乙烯利原液慢慢地倒入清水中，边倒边搅拌，同时用稀盐酸把 pH 值调到 4。b. 利用 2,4-D 或萘乙酸、番茄灵防止离层增生，减少落花落果。具体做法可在开花的当天下午或前一天，用浓度为 10～20 毫克/千克的乙烯利或萘乙酸液涂抹果柄和子房，亦可用 40～50 毫克/千克的番茄灵用小型喷雾器喷洒柱头。

④ 进行植株调整　保护地早熟栽培中，弱光和肥水充足的情况下，植株生长过旺，大量发生侧蔓，影响雌花发育，造成化瓜。这种情况下要进行整枝、打杈，在主蔓上均匀地留 2～3 个侧蔓，将其余的摘除。当侧蔓上幼瓜坐住后，留 3～4 叶摘心，主蔓过旺时，在 15～16 节以后摘心。

5. **西葫芦黄色矮化失调症发病原因和防治措施是什么？**

（1）发病原因　西葫芦黄色矮化失调症是由烟飞虱传播的病毒引起的一种病毒症，表现为植株黄化和矮化。

（2）防治措施　①"切断"烟飞虱年生活史，即在保护地秋冬茬种植烟飞虱不喜欢的蔬菜，如芹菜、韭菜、菠菜、生菜等，以利于从越冬季节切断其自然生活史，减轻来年对其他蔬菜的危害。②培育"无虫苗"。在冬春育苗时，彻底清除苗房内的残株、杂草，并熏杀残存成虫，避免在同一蔬菜苗房内育不同蔬菜苗。③适时调整播期，尽量避开虫害发生的高峰期。④密切注意菜田虫害的发生情况，及时防治，如轮换用扑虱灵、爱福丁、联苯菊酯等农药喷洒，同时及时清除杂草。⑤加强栽培管理，促进植株健壮生长，提高其抗病毒能力。当发生大面积病害时，首先用高营养剂300倍高美施活性腐殖酸液肥淋施，然后用万物春（或农科星）加适量先锋霉素混合喷雾，对西葫芦全株喷洒均匀。3～7天喷1次，连喷2～3次即可转好。

6. 西葫芦畸形果实发病原因和防治措施是什么？

（1）产生原因　①水肥不足。坐瓜初期水肥不足易形成尖嘴瓜；中期不足易形成细腰瓜；后期不足易形成细长歪把瓜。②水肥过猛。中期水肥过猛易形成大肚瓜。③授粉不良，花粉分布不匀，使授粉不足的部位呈凹陷状。④温度过高或过低都会影响光合效率，使制造的营养不足，抑制果实发育。⑤自身雌花缺憾或双性花形成果实，造成畸形。

（2）预防措施　为了促进早熟栽培的西葫芦多结优质果实，在栽培措施上，要创造良好的生态环境，改进管理技术。①满足水肥要求。西葫芦需肥较多，吸肥力较强，比较耐旱，但果实膨大期需水较多，要保持土壤湿润。因此，一要施足底肥；二要氮、钾肥配合及时追肥，每一批瓜采后要追肥一次。底肥中，每亩施优质农家肥 5000 千克、饼肥 300 千克、磷肥 100 千克、钾肥 50 千克，同时酌量配施锌肥和镁肥。田间水分前期以干控为主，结果期要保持湿润管理。②注意调控温度。早熟栽培多采用塑料薄膜大棚套小棚的方法增温保温。西葫芦的适应温度范围为 15～38℃，生长发育最适温度范围为 18～25℃；适应土壤温度为 12～35℃，适宜土壤温度为 15～25℃。因此，要根据气候变化情况，调节揭盖膜的时间，特别是要针对其对温度的要求进行变温管理，这样更有利于积累养分，减少消耗。③进行人工授粉。每天上午 8～10 时正值雄花开放高峰期，摘取雄花，去其花冠，将花药轻轻投于雌花的柱头上，一朵雄花可授 3 朵雌花。空气湿度较大时授粉效果较好。授粉要均匀，要落到实处。为了保果，还可配合激素处理，可用 20～30 毫克/升 2,4-D，在开花的当天上午用毛笔蘸液涂于花梗或子房上，但注意不要让药液洒到茎叶上，以防产生药害；也可用 40～50 毫克/升番茄灵。

7. 西葫芦烂花发病原因和防治措施是什么?

(1) 症状 开始症状表现为花出现水渍状湿腐，后期出现灰黑色毛。有的湿腐花出现流脓（灰白色或者黄褐色），有臭味。

(2) 产生原因 灰霉病以及生理失调（温度下降、湿度高、根系发育受阻等），另外细菌也可以将花侵染，严重者流出白色菌脓。

（3）防治措施 以防治灰霉病为主，混掺细菌性药剂，另外注意硼、钙等元素的补充。在栽培管理上注意保温降湿，增强根系活力；阴雨天气中注意叶面喷洒丰收一号、甲壳丰、绿风95以及细胞分裂素等物质，以增强植株抗性；适当增施磷钾肥。

8. 西葫芦2,4-D药害发病原因和防治措施是什么？

（1）症状 据观察，日光温室西葫芦2,4-D药害的特征为：蘸花后2～3天，嫩叶叶缘上卷，叶片扭曲畸形，失去光泽；叶肉退化，叶脉突出、僵硬，严重的呈鸡爪状，农民称之为鸡爪病；生长点僵硬、萎缩，造成生长点的消失；幼果黑绿而短粗；雌花不能正常开放，多成半开放状态；瓜柄明显增粗，有的超过幼果基部；受害瓜多为后部粗而先端细的尖嘴瓜，失去商品价值；受害株茎节短缩，着生叶柄处常呈乳白色，受害严重的出现乳白色瘤状物，纵裂；受害株中下部叶片为深绿色，严重的失去光泽，呈老化状态。2,4-D药害对日光温室西葫芦产生的影响取决于植株受害的程度及受害株的多少。据调查，受害重的温室产量损失达70%以上。在不少的地方，2,4-D药害被误诊为病毒病。

（2）发病原因 ①配制的2,4-D溶液浓度偏高或蘸花使用药液量大。②把药液滴在叶片或生长点上。③用大口容器盛药液，用后不加盖，水分蒸发导致浓度偏高。④使用了某种以2,4-D为主要成分配制的不合格的促坐果类的药品。

（3）防治措施 目前还没有 2,4-D 药害的特效解药，在生产中应当坚持以预防为主，科学用药。配制药液要严格控制剂量比例，在深冬季节 1 克 2,4-D 兑水 34 千克；春季气温升高，1 克 2,4-D 兑水 40 千克。药液浓度低，坐果率低或尖嘴瓜比例大；药液浓度过高，易产生药害。蘸花时防止把药液滴在叶片或生长点上。每次蘸花后要盖严容器，防止因水分蒸发导致浓度增高。要坚持使用正规厂生产的合格药品，杜绝使用伪劣药品。对某些能促进坐果的新产品，要先试用，效果好并且掌握了使用方法后，再决定大面积使用。

日光温室西葫芦的 2,4-D 药害缓解的快慢与温度和水分有关。冬季在正常管理条件下 40 多天才能缓解，在春季高温条件下，20～30 天症状可缓解，如能适当提高温度，并增加水分供应，可缩短缓解的时间，减少损失。对发生药害的植株要及时摘除畸形瓜。对 2,4-D 药害严重的温室，要果断拔秧换茬。

9. 如何识别西葫芦缩叶病？防治方法是什么？

（1）症状 此病是一种生理病害。在植株生长过程中出现连续多片叶呈现鸡爪状皱缩，一般 5～6 片叶，叶脉明显，坐果率很低，甚至不坐果。果实生长缓慢，易被误认为病毒病。当温度升高，最低温度达 20℃以上时，新生的叶片又恢复正常生长。

（2）发生原因 发病的主要原因：一是昼夜温差过大，白天高温达 25℃以上，夜间温度在 6℃以下，时间又比较长；二是空气湿度大，生长点因积水受到抑制，叶片发育不正常。

（3）防治方法 在生产中要控制好温度变化，防止大温差的出现，同时要控制湿度。

第八章

西葫芦主要病虫害诊断及防治

1. 如何识别西葫芦病毒病？防治方法是什么？

（1）症状 西葫芦病毒病是生产上发生最严重的病害，在我国北方一到 6～7 月份，由于该病的发生，西葫芦即不能生长发育、开花结果，是越夏栽培的极大障碍。

病毒病又叫毒素病，群众称"疯病"，是西葫芦的一种毁灭性病害。西葫芦自幼苗至成株均能发病，主要表现在叶片及果实上。发病后嫩叶上出现浓绿和淡黄相嵌的花斑，病叶皱缩，比正常叶小，叶柄变短。严重时植株萎缩，节间短粗。发病后期叶片变黄，甚至枯死。病果畸形，果皮有黄绿相间的斑驳，果面有明显的瘤状突起。

（2）发病规律 引发该病的病毒的宿主范围很广，田间越冬杂草往往成为病毒的宿主，有的又是蚜虫的越冬场所，因此翌年蚜虫发生危害时，往往将病毒传到西葫芦幼苗上，主要通过汁液摩擦和蚜虫传毒。而甜瓜花叶病毒又可在西葫芦的种胚里带毒，因此种子也是该病田间发生的侵染源。本病高温干旱时易发。田间管理粗放，杂草多，不能适时定植，灌排水不合理致使土壤板结而影响根系正常发育，这些都能加重病情。

(3) 防治方法

① 农业防治

a. 种子消毒　为消灭种子携带的病毒，可用 10％磷酸三钠溶液浸种 20～30 分钟，或用 1％高锰酸钾溶液浸种30 分钟，用清水冲洗干净后再催芽播种。

b. 实行轮作　西葫芦应实行 3～5 年轮作，以减少土壤中病毒的积累。

c. 培育壮苗，严把定植关　育苗须加强温度管理，严防幼苗疯长，培育壮苗，提高幼苗的抗逆性。移栽时，凡感染病毒的幼苗一律淘汰，以免定植后成为病毒病的传染源。秋季栽培时，为避免定植时伤根传染病毒病，可进行直播。

d. 加强肥水管理，避免早衰　西葫芦秧苗早衰极易感染病毒病，在栽培中必须加强肥水管理，避免缺水脱肥。在高温季节可适当多浇水，降低地温，有条件的地方可采取遮阴降温，防止秧苗早衰、抗病能力减弱。

e. 减少接触传毒　病毒病可通过植物伤口传毒，因此在栽培上应当加大行距，实行吊秧栽培，尽可能减少农事操作造成的伤口。农事操作应遵循先健株后病株的原则。对早熟西葫芦不需打杈，避免造成伤口传毒。

② 农药防治　苗期喷施 83 增抗剂 100 倍液，提高幼

苗的抗病能力。发病初期选喷 20％病毒 A 可湿性粉剂 500
倍液，或 1.5％植病灵乳剂 1000 倍液，或抗毒剂 1 号 300
倍液，或 1000 倍高锰酸钾溶液等，每 7～10 天一次，连
喷 3～4 次。以上药液可交替使用。

③ 积极防治蚜虫　蚜虫是传染病毒病的重要媒介，
病毒病的发生及其严重程度与蚜虫的发生量有密切关系，
及早消灭蚜虫是防治病毒病的关键措施之一。可挂银灰膜
驱避蚜虫，还可用 25％溴氰菊酯或速灭杀丁乳油 2000～
3000 倍液，50％抗蚜威可湿性粉剂 800～1000 倍液，10％
氯氰菊酯乳油 2500 倍液交替喷雾防治，连喷 3～4 次，每
次间隔 7～10 天。有条件的地方还可用防虫网进行栽培。

2. **如何识别西葫芦白粉病？防治方法是什么？**

(1) 症状　苗期至收获期均可发生，主要侵染叶片，
其次是茎和叶柄，果实很少受害。发病初期在叶的两面
产生白色近圆形小粉斑，以叶正面居多（但切记不要把
花叶西葫芦近叶脉分枝处的银白灰角斑与之弄混），以后
不断增多扩大，连成大粉斑，最终使全叶布满白粉。有
时叶上白粉逐渐变成灰白或灰褐色，叶片枯黄，影响生
长和产量。

(2) 发病规律　病原菌以闭囊壳随病残体越冬，也能
在温室大棚内生长着的瓜类蔬菜或月季花上越冬。瓜类作
物连茬的温室大棚是病菌的主要越冬场所。白粉病子囊孢
子或分生孢子靠气流、水滴和喷雾传播，从叶面直接侵
入。病菌产生分生孢子的适温为 15～30℃，相对湿度

80％以上。当相对湿度降至 25％时，分生孢子也能萌发。孢子遇水时，易吸水破裂，对萌发不利。温室大棚和田间在淹水或雨后干旱时，白粉病发病重，这是因为干旱降低了宿主表皮细胞的膨压，对表面寄生并直接从表皮侵入的白粉病病菌的侵染有利，尤其当高温干旱或高温高湿交替出现或持续闷热时，白粉病极易流行。栽培过密、光照不足、管理粗放以及植株徒长、早衰都会导致白粉病发病严重。

（3）防治方法

① 温室大棚消毒　温室大棚定植前 10 天左右，造墒后覆膜盖棚，密闭，使棚室温度尽可能升高至 45℃以上进行消毒。温度越高、持续时间越长，效果越好。也可以每亩温室大棚用 2～3 千克硫黄粉掺锯末 5～6 千克点燃熏蒸，还可每亩用 45％百菌清烟剂 1 千克熏蒸。熏蒸时，温室大棚需密闭。

② 农业防治　选用抗病品种。不同品种对白粉病抗性存在差异，要在生产实践中因地制宜地选择使用抗病和耐病品种，如美国黑美丽、阿尔及利亚西葫芦、奇山 2 号、灰采尼、早青一代等。施足底肥，适时追肥，注意磷、钾肥的配合施用，并追施叶面肥，促进植株发育，防止植株早衰，以提高株抗病能力。及时中耕除草，摘除枯黄病叶和底叶，带出田外或温室大棚外集中深埋处理。适当控制浇水，露地西葫芦应及时中耕，搞好雨后排水，降低田间相对湿度。温室大棚要尽可能增加光照、加强通风。

③ 生物防治　白粉病发病初期，喷洒 2％农抗 120 水

剂 200 倍液或 2%农抗 BO-10 水剂 200 倍液，4～5 天喷 1
次，连喷 2～3 次。

④ 物理防治 发病初期开始喷洒 27%高脂膜乳剂
80～100 倍液，5～6 天喷 1 次，连喷 3～4 次，可在叶面
形成保护膜，防止病原菌侵入。

⑤ 农药防治 发病初期，可选用 40%福星乳油 8000～
10000 倍液、15%三唑酮（粉锈宁）可湿性粉剂 2000 倍
液、75%百菌清可湿性粉剂 600 倍液、40%多·硫悬浮剂
500～600 倍液、50%硫黄悬浮剂 250～300 倍液、30%DT
悬浮剂 400～500 倍液、50%多菌灵可湿性粉剂 500～800
倍液、50%甲基托布津可湿性粉剂 800～1000 倍液喷雾防
治。以上药剂最好交替施用，7～10 天喷 1 次（三唑酮喷
雾应间隔 15 天再喷第二次），连喷 2～3 次。

在保护地里，采用喷药浇大水，然后提高管理温度
（32～35℃），即采取高温闷棚的方法可以收到较好的防治
效果。

3. 如何识别西葫芦灰霉病？防治方法是什么？

(1) 症状 主要危害花朵及幼瓜。病菌多从开败的花
侵入，使花果腐烂，长出灰色霉层。大瓜受害，组织变黄
褐色，并生有淡灰色霉层，叶片病部近圆形，边缘比较明
显，生有少量灰霉。

(2) 发病规律 灰霉病病原菌是在病残体上越冬，主
要靠气流传播，也能通过人员在田间操作传播，棚内湿度
超过 85%～90%、温度在 20℃左右时发生最为严重。

主要以菌核和菌丝体在土壤中越冬，成为次年初的侵染源。病菌靠气流、水溅及农事操作等传播蔓延，通过发病的瓜、叶、花产生分生孢子不断传播，进行再侵染，引起发病。光照不足、低温（20℃左右）、高湿（相对湿度90％以上）、植株生长衰弱时，灰霉病容易发生蔓延。温室大棚内一般光照不足、气温低、湿度大、结露持续时间长，所以，非常适合灰霉病的发生。

（3）防治方法

① 农业防治　多施充分腐熟的优质有机肥，增施磷钾肥，以提高植株抗病能力；栽培方式应采用高畦栽培和地膜覆盖，以降低温室大棚及大田湿度，阻挡土壤中病菌向地上传播；注意清洁田园，及时摘除枯黄叶、病叶、病花和病瓜，当灰霉病零星发生时，立即摘除病组织，带出田外或温室大棚外集中做深埋处理；适当控制浇水，露地西葫芦应搞好雨后排水，降低田间相对湿度。

② 生态防治　温室大棚西葫芦以控制温度、降低湿度为中心进行生态防治。要求西葫芦叶面不结露或结露时间尽量短，大棚应选用无滴膜扣棚，实行高畦栽培、地膜覆盖、控制浇水，设法增加光照、提高温室大棚温度、降低湿度等。

③ 农药防治　花期结合使用防落素等激素蘸花帮助坐瓜坐果，在配制好的防落素等激素液中按 0.1％加入50％速克灵可湿性粉剂，或 50％扑海因可湿性粉剂，或50％多菌灵可湿性粉剂等。发病初期，可选用40％施佳乐悬浮剂 800～1200 倍液、50％扑海因可湿性粉剂 1000 倍液、50％速克灵可湿性粉剂 1000 倍液、75％百菌清可湿

性粉剂 600 倍液、50％甲基托布津可湿性粉剂 600 倍液、50％多菌灵可湿性粉剂 500 倍液、50％苯菌灵可湿性粉剂 1000 倍液、65％抗霉威可湿性粉剂 1000 倍液等喷洒，重点防治部位是西葫芦的花和瓜条。也可以在发病之前用上述药剂对花和幼瓜局部喷药保护。

温室大棚还可选用 10％速克灵烟剂或 45％百菌清烟剂每亩 200～250 克熏烟，也可用 5％百菌清粉尘剂或 10％灭克粉尘剂或 10％杀霉灵粉尘剂每亩 1 千克进行防治。烟剂、粉尘剂应于傍晚关闭棚室后施用，第二天通风。

喷洒药液、施用烟剂、喷施粉尘剂可单独施用，也可交替施用，以各种药剂交替施用为最好。两次用药间隔一般为 7 天左右，用药间隔时间、次数视病情而定。

4. 如何识别西葫芦霜霉病？防治方法是什么？

（1）症状 日光温室冬春栽培西葫芦，空气湿度大时易发生此病。苗期发病，子叶被害部位产生黄斑，最后枯死；真叶被害初期呈水浸状，发展成多角形黄色病斑，干枯时易破裂，在高温条件下病斑背面长灰黑色霉层。严重时病斑连片，全叶黄褐色枯萎。

（2）发病规律 病菌是从秋季大棚生产传到温室，又从温室传到春大棚和露地。病原菌通过气流、雨水、昆虫等传播，其发生与流行和温湿度关系很大。发病最适宜温度 15～24℃，低于 15℃或者高于 28℃，则病害不易发生。病菌萌发和侵入叶片是凭借叶面的水滴或水膜进行的，室内湿度大时，容易发生霜霉病。日均温度 20～25℃，叶面有水滴（膜）且持续 6～12 小时，病菌孢子即可萌发侵入，3 天即可见到明显症状。

（3）防治方法

① 农业防治　培育壮苗，定植后加强栽培管理，保持植株健壮生长，以提高抗病能力。合理密植，并注意加强通风透光等措施，降低保护地内空气湿度。

② 烟雾法熏治　每亩每次用 45％百菌清烟雾剂 200～250 克分堆放置，点燃后闷棚，一般于傍晚开始，次日早晨结束。

③ 药剂防治　发病初期可用 70％乙磷锰锌可湿性粉剂 500 倍液，或 72％普力克水剂 800 倍液，可有效控制病情蔓延。也可用烯酰吗啉 1500 倍液叶面喷雾，每 5～7 天 1 次。还可选用 58％瑞毒锰锌 500 倍液，25％瑞毒霉与 70％代森锰锌 1：2 混合的 500 倍液，64％杀毒矾 400 倍液，72％克露、克抗灵或霜疫清可湿性粉剂 400～600 倍液喷雾。每隔 6～7 天喷一次，交替喷 3～4 次。

④ 高温闷棚　发病期，晴天中午关闭风口，利用高温闷棚 2 小时，气温掌握在 45℃左右。

5. **如何识别西葫芦菌核病？防治方法是什么？**

（1）症状　主要危害果实及茎蔓。果实染病，残花部先呈水浸状腐烂，后长出白色菌丝，菌丝上散生鼠粪状黑色菌核。茎蔓染病，初呈水浸状，病部变褐色，后也长出白色菌丝和黑色菌核，病部以上叶、茎蔓枯死。

（2）发病规律　菌核病是由真菌引起的病害，从伤口或花器侵入，病原菌靠气流传播。

（3）防治方法

① 种子消毒　种子用 50℃的温水浸种 10 分钟，即可杀死菌核。

② 土壤消毒　定植前用五氯硝基苯配成药土耙入土中。

③ 生态防治　棚室上午以闷棚提温为主，下午及时通风排湿，早春日均温控制在 29～31℃的高温、相对湿度低于 65％，可减少发病。

④ 药剂防治　发病时，可用 50％速克灵可湿性粉剂或 50％农利灵可湿性粉剂 1000 倍液、50％乙烯菌核利可湿性粉剂 500 倍液、40％菌核净 1000 倍液、50％多菌灵可湿性粉剂 400 倍液，每 5～7 天喷用 1 遍，连用 2 遍。

6. 如何识别西葫芦炭疽病？防治方法是什么？

（1）症状　西葫芦在生长期间随时都能发生炭疽病。幼苗发病时，子叶边缘出现褐色半圆形或圆形病斑，茎基部受害，患部缢缩、变色，幼苗猝倒。

西葫芦茎和叶柄感病后，病斑呈长圆形，稍微凹陷，初呈水浸状、淡黄色，以后变成深褐色，病部如果环切茎蔓、叶柄一周，上部随即枯死。叶片受害时，最初出现水浸状小斑点，后逐渐扩大成近圆形的红褐色病斑，病斑外围有一圈黄纹。叶上病斑多时，往往互相汇合形成不规则形的大斑块，干燥时病斑中部破裂形成穿孔，叶片干枯死亡。病斑后期出现许多小黑点，在潮湿时长出粉红色黏稠物。

（2）发病规律　西葫芦炭疽病病菌是以菌丝体、拟菌核随病残体在土壤中或附在种皮上越冬，潜伏在种子上的病菌可直接侵入子叶，引起苗期发病。发病适宜温度为22～27℃，10℃以下、30℃以上即停止发生。温度是诱发炭疽病的重要因素。在适宜温度范围内，空气湿度越大越易发病，相对湿度低于54％则不易发病。

（3）防治方法

① 种子处理　采用温汤浸种或福尔马林100倍液浸种30分钟，或用冰醋酸100倍液浸种30分钟，清水洗净后再催芽。

② 农业防治　加强田间管理，增施磷钾肥，强健植株，提高西葫芦抗病能力，减轻病害。

③ 农药防治　发病初期可用70％甲基托布津可湿性粉剂500倍兑80％福美双500倍混合液，或70％代森锰锌可湿性粉剂400倍液，或50％炭疽福美300～400倍液，或50％扑海因可湿性粉剂1000～1500倍液，或代森锰锌可湿性粉剂500倍液，或农抗120水剂200倍液，每7～10天1次，连喷3～4次。

7. 如何识别西葫芦银叶病？防治方法是什么？

（1）症状　西葫芦银叶病是由植株感染银叶病病毒

引起的，受害西葫芦叶片初期表现为沿叶脉变为银色或亮白色，以后全叶变为银色，叶片叶绿素含量降低，严重降低光合作用，影响果实正常成熟，造成西葫芦大幅度减产。

（2）发生规律 目前银叶病发病主要是 B 型烟粉虱为害引起的，其唾液分泌物对植物有毒害作用，且具内吸传导性，即有虫叶不一定有症状表现，而在以后的新叶上表现银叶。银叶病植株上没有粉虱为害，这是长期以来银叶病产生原因不易搞清的重要原因。

（3）防治方法

目前，防治银叶病还没有有效的农药。西葫芦银叶病造成叶片叶绿素含量降低，严重阻碍光合作用，影响果实正常成熟，导致大幅度减产。因此，只有彻底根除烟粉虱，防止其传播蔓延，才能控制银叶病的危害。

对若虫防效较好的药剂有 10% 吡虫啉 3000 倍液、1.8% 阿维菌素 3000 倍液、10% 除尽 1500 倍液。以上这些药剂对成虫的防效也很好，表现为药后 7 天对成虫的防效均在 90% 以上，同时由于敌敌畏具有熏蒸作用，80% 敌敌畏 600 倍液对成虫防效也较理想。

上述药剂虽然对银叶粉虱的防效较好，但银叶病症状在银叶粉虱消灭后恢复不明显，甚至不消失。也就是说使用以上杀虫剂虽然防治了银叶粉虱，但其造成的危害不能恢复。为把因银叶粉虱引起的危害降到最低，可在用杀虫剂防治银叶粉虱的同时，混配叶面肥和内源激素以及杀病毒剂等，增效作用也比较明显。同时，在防治银叶粉虱时，最好加混复硝酚钠（爱多收）、施特灵、硕丰481、病毒A和低聚糖素等。

8. 如何识别西葫芦瓜蚜、白粉虱和螨虫？防治方法是什么？

（1）症状　瓜蚜和白粉虱不仅刺吸植株体的汁液，分泌蜜露引起煤污病，玷污叶面影响光合作用，同时也传播病毒病。螨虫为害生长点和幼嫩组织会造成秃顶或心叶畸形。

（2）瓜蚜防治

① 1%的40%乐果乳油＋1%的80%敌敌畏乳油＋害立平（消抗液、消虫王）喷雾。

② 2.5%天王星乳油3000倍液喷雾。

③ 22%敌敌畏烟剂或杀瓜蚜1号烟剂熏蒸。

（3）白粉虱防治

① 当白粉虱发生的数量还比较少，每株成虫平均在2.7头以下时，可用2.5%天王星乳油3000倍液，或稻虱净2000倍液（成虫密度达到5～10头/株时，改为1000倍液）喷防。在上述药液中再加入少量拟菊酯类农药（功夫、灭扫利等），可以大大提高防治效果。

② 0.05%的20%灭多威乳剂＋0.05%消抗液（害立平、消虫王）。

③ 25%灭螨猛乳油1000倍液，或50%爱乐散乳油1000倍液，或25%天王星乳油2000倍液，或扑虱灵可湿性粉剂每公顷用750克兑水喷雾。天王星与扑虱灵交替或混合使用效果更好。

④ 用 22%敌敌畏烟剂或蚜虱螨烟雾剂熏蒸，可以同时达到灭蚜和杀螨的效果。

（4）螨虫防治 播种后即在地面喷洒杀螨剂加以预防，生长期间每月用杀螨剂 1～2 次进行防治。

第九章

西葫芦安全生产的农药限制

1. 西葫芦产地环境污染因素主要有哪些？

西葫芦栽培的生态环境质量是影响无公害西葫芦生产的重要因素之一。随着工业、交通事业的快速发展和农用化学物质的大量使用，我国农作物生长的生态环境污染日益严重，一些有害物质通过各种途径进入到农田、菜园和果园，对大气、土壤、灌溉水源和农产品造成了不同程度的污染，已成为无公害农产品生产的制约性因素。

西葫芦污染主要来自工业"三废"、公路交通、农药、肥料、灌溉、加工和流通领域，可概括如图 9-1。

由图 9-1 可以看出，西葫芦的污染主要来自产地环境、生产过程和加工流通领域。

产地环境对西葫芦造成污染的因素主要是大气、灌溉水和土壤。

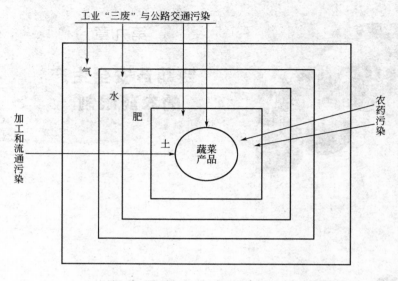

图 9-1　西葫芦污染途径与生态环境的关系

(1) 大气污染　大气中的污染物主要来自工矿企业、建筑和交通扬尘、风沙扬尘、公路汽车和传染病院等。

大气污染物包括总悬浮颗粒物、氟化物、二氧化硫、氮氧化物、一氧化碳（CO）和臭氧等。目前在我国主要的大气污染物是总悬浮颗粒物和可吸入颗粒物二氧化硫、氟化物、氮氧化物等。这些污染物不仅直接伤害植物，影响植株的生长发育，而且有些污染物还可以在植物体内累积，人们食用后会导致慢性中毒。

① 总悬浮颗粒物　指能悬浮在空气中，空气动力学当量直径≤100 微米的颗粒物，即指粒径在 100 微米以下的颗粒物，记作 TSP，是大气质量评价中的一个通用的重要污染指标。总悬浮颗粒物的浓度以每立方米空气中总悬

浮颗粒物的毫克数表示。空气动力学当量直径 10 微米以下的浮游状颗粒物，称为可吸入颗粒物。总悬浮颗粒物包括各种固体微粒、液体微粒等，主要来源于燃料燃烧时产生的烟尘、生产加工过程中产生的粉尘、建筑和交通扬尘、风沙扬尘以及气态污染物经过复杂物理化学反应在空气中生成的相应的盐类颗粒。总悬浮颗粒物降落到西葫芦植株上会在叶球和花球上产生污斑，影响光合作用、呼吸作用、蒸腾作用等生理活动，降低叶球和花球的产量、质量和商品价值。

②　氟化物　指以气态颗粒形式存在的无机氟化物，包括氟化氢、氟化硅、氟化钙及氟气等。氟化物主要来源于砖瓦厂、磷肥厂、玻璃厂、炼铁厂、冶金及石油化工等排放的废气。氟化物通过叶片上的气孔进入植物体内并溶入汁液中，并随植物体内的水分运输流向各个部分。当植物体内的氟化物达到一定浓度后，便开始抑制营养生长和生殖生长，降低受精率。

③　二氧化硫　主要由燃烧含硫物质的煤及燃料油等产生。二氧化硫对植物的影响极大，它可以通过叶片上的气孔进入叶片组织，破坏叶绿素，可使植物叶片变黄甚至枯死，影响光合作用。开花期花对二氧化硫特别敏感，可使花开放不整齐，花冠边缘出现枯斑，花药变色，柱头枯萎，坐果率降低。空气中二氧化硫浓度高会导致酸雨产生，危害极大。

④　氮氧化物　大气中作为污染物的氮氧化合物主要是一氧化氮（NO）和二氧化氮（NO_2）两种，它们大部分来自燃料燃烧（包括汽车废气排放）。其中二氧化氮对

植物的毒害作用最大。

（2）灌溉水污染 灌溉用地表水污染物的来源主要有工业废水、生活污水、工业废渣、大气中污染物等。地下水污染物来自受污染的地表水或工矿企业废水的渗入，也来自土壤中硝酸盐、残留农药、重金属等。灌溉受污染的地表水或地下水时，有的直接对植物造成污染或危害，有的则在植物体内积累。

（3）土壤污染 土壤污染是指向土壤中施用和排放物质，引起土壤质量下降，造成农作物产量和质量下降，或通过食物链影响人体健康等现象。造成土壤污染的主要原因是向土壤过量施用氮素化肥，往年生产时使用的农药（含除草剂、植物生长调节剂）残留，用污水灌溉，工业废弃物和生活垃圾（包括塑料薄膜），未经处理的人粪尿和畜禽粪便，以及大气中的污染物沉降到土壤中来。

① 重金属离子 主要是能使土壤无机和有机胶体发生稳定吸附的离子，包括汞、铅、砷、铬、镉等重金属离子，主要来自金属矿山企业和金属冶炼企业、印刷厂、农药厂和造纸厂等。大部分被固定在土壤中而难以排除；虽然一些化学反应能缓和其毒害作用，但仍是对土壤环境的潜在威胁。重金属对人体的危害极大。

② 塑料 塑料污染主要来自工业废弃物、城市生活垃圾和农用塑料薄膜。塑料在土壤中很难分解，会阻碍植物根系的生长发育和水肥的移动。

2. **西葫芦栽培过程中污染因素主要有哪些？**

栽培过程对西葫芦的污染主要是农药和肥料。

（1）农药污染 由于农药的种类和使用量在不断加速增长，土壤中农药的残留量也在不断增加，农药使用不当，不仅污染环境，也危害人类的健康。

农药对人体的影响较大，由于进入人体的农药数量和种类不同，其危害性亦不相同，一般可分为急性危害和慢性危害两种。急性危害指在农药中毒后，会有不同的症状反应。如有机磷农药中毒表现为头痛、恶心、呕吐，视力模糊，意识丧失，呼吸困难而导致死亡。慢性危害指农药中毒后主要表现在以下几个方面：首先对酶系产生影响，进而影响神经系统；其次造成组织病理变化。有机氯农药都被认为有"三致"（致癌、致畸、致突变）作用。所以严格禁止使用剧毒、高毒、高残留或者具有"三致"作用的农药。

（2）肥料污染 随着工业的发展，化肥的用量大幅度增长，特别是氮素化肥的过量使用，对生态环境带来的负面效应已经显现出来。氮肥施用过多导致土壤中亚硝酸盐浓度增高，对人体危害极大。有些地区的土壤中并不缺磷，甚至有些地区还呈现富磷化，过多的磷肥会影响植物对锌、铁的吸收。如果西葫芦含磷过剩，将诱发锌、铁、镁、钾的缺乏症。过多的氮肥和磷肥会流入江河湖泊，导致水体的富营养化，破坏生态环境，还会污染地下水。

施用未腐熟的秸秆肥料、人粪尿、家畜家禽粪便等，可能发生肥烧，还可能带入病原生物，或直接玷污西葫芦产品。撒施化肥或叶面喷肥，有可能对叶面造成灼伤。一次集中施入过多肥料可能对根系造成烧伤。

3. 西葫芦加工流通过程中污染因素有哪些？

西葫芦产品在采收、运输、贮藏和加工过程中也会造成污染。如延迟采收，导致西葫芦发生病变或霉烂；用不洁净的水冲洗浸泡等；运输、加工、贮藏过程中的人员、环境、设备、器具等不符合卫生标准时，都可能对西葫芦产生污染。

4. 如何预防西葫芦产品污染？

安全、无污染是无公害西葫芦的一个重要指标，在西葫芦生产中，农药和肥料是造成西葫芦产品污染、影响西葫芦食用安全的主要原因。在无公害西葫芦生产中，应严格控制农药和肥料的投入，一旦发现污染，西葫芦达不到卫生标准的要求，要立即取消无公害西葫芦生产基地的认证证书，其西葫芦产品不能继续使用无公害食品标志。

为防止西葫芦污染，无公害西葫芦生产的产地环境条件应符合 NY/T 5010—2016《无公害农产品　种植业产地环境条件》的规定。蔬菜生产技术应符合 NY/T 5220—2004《无公害食品　西葫芦生产技术规程》的要求。

(1) 西葫芦生产基地的规划　规划西葫芦安全生产基地时，首先应符合下列景观条件：距离高速公路和国道900 米以上，距离地方干线公路 500 米以上，距离大的工矿企业 1000 米以上，距离医院和大的生活区 2000 米以上。土层较深厚，质地为壤质，结构疏松，微酸性或中性土壤，有机质含量在 15 克/千克以上，排灌方便的土壤条件。

（2）无公害西葫芦肥料的使用原则　无公害西葫芦施肥应按 NY/T 496—2010 规定执行。使用的肥料应是在农业行政主管部门已经登记或免于登记的肥料。提倡使用有机肥料、商品有机肥料、微生物肥料。在禁止使用含氯复合肥和硝态氮肥的前提下，允许按如下两条原则使用化学肥料：一是化肥必须与有机肥配合施用，无机氮施用量不宜超过有机氮用量；二是化肥也可与有机肥、复合微生物肥配合施用，配方为厩肥 1000 千克、尿素 5～10 千克或磷酸二铵 20 千克、复合微生物肥料 60 千克（厩肥作基肥用，尿素、磷酸二铵和微生物肥料作基肥和追肥用），最后一次追肥必须在收获前 30 天进行。禁止使用未经无害化处理的城市生活垃圾和工业废物。城市生活垃圾和工业废物一定要经过无害化处理。农家肥料无论采用何种原料制作堆肥，必须高温发酵，以杀灭寄生虫卵、病原菌和杂草种子，使之达到无害化卫生标准。农家肥料原则上就地生产、就地使用，外来农家肥料应确认符合要求后才能使用。

（3）无公害西葫芦农药的使用原则　西葫芦病虫草害防治原则应以农业防治、物理防治、生物防治和生态防治为主，科学使用化学防治技术。所有使用的农药均应在农业农村部注册登记。农药安全使用标准和农药合理使用准则参照 NY/T 1276—2007《农药安全使用规范总则》和GB/T 8321（所有部分）《农药合理使用准则》执行，药剂防治时禁止使用高毒、高残留农药，有限度地使用部分有机合成农药。保护地优先采用烟熏法、粉尘法，在干燥晴朗天气可喷雾防治。如果是在采果期，应先采果后喷药，同时注意交替用药，合理混用。

农药使用技术：首先要严格选择农药。在生产绿色食品时，要优先选用绿色食品生产农药及其产品。在不能满足生产需要的情况下，可允许使用中等毒性以下的植物源杀虫剂、杀菌剂、矿物油和植物油制剂，矿物源中的硫制剂、铜制剂。经专门机构核准，允许有限度地使用活体微生物农药、农用抗生素。禁止使用有机合成的化学杀虫剂、杀螨剂、杀菌剂、杀线虫剂、除草剂和植物生长调节剂。严禁使用剧毒、高毒、高残留或者具有"三致"毒性的农药及各种基因工程产品和制剂。其次要正确使用农药。严格控制农药用量、使用浓度、使用次数，合理混用农药，轮换用药。同时，要选择合适的农药剂型，并掌握病虫害发生规律适时防治。

绿色食品西葫芦的生产应符合 NY/T 391—2013《绿色食品　产地环境质量》、NY/T 393—2013《绿色食品　农药使用准则》和 NY/T 394—2013《绿色食品　肥料使用准则》的规定。绿色食品西葫芦、南瓜的检测应符合 NY/T 747—2012《绿色食品　瓜类蔬菜》的标准（详细内容见附录）。

5. 西葫芦生产中禁止使用的农药种类有哪些？

西葫芦安全生产必须遵守国家关于绿色食品、无公害蔬菜生产中禁用的农药的相关规定（表 9-1，表 9-2）。

表 9-1 西葫芦 A 级绿色食品生产中禁用的农药

农药种类	农药名称	禁用原因
有机砷杀虫剂	砷酸钙、砷酸铅	高毒
有机砷杀菌剂	甲基胂酸锌、甲基胂酸铁铵、福美甲胂、福美胂	高残留
有机锡杀菌剂	三苯基醋酸锡、三苯基氯化锡、毒菌锡、氯化锡	高残留
有机汞杀菌剂	氯化乙基汞(西力生)、醋酸苯汞(赛力散)	剧毒、高残留
有机杂环类	敌枯双	致畸
氟制剂	氟化钙、氟化钠、氟乙酸钠、氟乙酰胺、氟铝酸钠、氟硅酸钠	剧毒、高残留、易药害
有机氯杀虫剂	DDT、六六六、林丹、艾氏剂、狄氏剂	高残留
有机氯杀螨剂	三氯杀螨醇	工业品中含琥胶肥酸铜
卤代烷类杀虫剂	二溴乙烷、二溴氯丙烷	致癌、致畸
有机磷杀虫剂	甲拌磷、乙拌磷、久效磷、对硫磷、甲基对硫磷、甲胺磷、氧化乐果、治螟磷、蝇毒磷、水胺硫磷、磷胺、内吸磷	高毒
氨基甲酸酯杀虫剂	克百威、涕灭威、灭多威	高毒
二甲基甲脒杀虫剂	杀虫脒	致癌
取代苯类杀虫、杀菌剂	五氯硝基苯、五氯苯甲醇	致癌
二苯醚类除草剂	除草醚、草枯醚	慢性毒性

表 9-2 西葫芦无公害生产中禁用的农药

农药种类	农药名称	禁用范围	禁用原因
无机砷杀虫剂	砷酸钙、砷酸铅	所有蔬菜	高毒
有机砷杀菌剂	甲基胂酸锌(稻脚青)、甲基胂酸铵(田安)、福美甲胂、福美胂	所有蔬菜	高残留

农药种类	农药名称	禁用范围	禁用原因
有机锡杀菌剂	薯瘟锡（毒菌锡）、三苯基醋酸锡、三苯基氯化锡、氯化锡	所有蔬菜	高残留、慢性毒性
有机汞杀菌剂	氯化乙基汞（西力生）、醋酸苯汞（赛力散）	所有蔬菜	剧毒、高残留
有机杂环类	敌枯双	所有蔬菜	致畸
氟制剂	氟化钙、氟化钠、氟化酸钠、氟乙酰胺、氟铝酸钠	所有蔬菜	剧毒、高毒、易药害
有机氯杀虫剂	DDT、六六六、林丹、艾氏剂、狄氏剂、五氯酚钠、硫丹	所有蔬菜	高残留
有机氯杀螨剂	三氯杀螨醇	所有蔬菜	工业品含有一定数量的 DDT 卤代烷类
熏蒸杀虫剂	二溴乙烷、二溴氯丙烷、溴甲烷	所有蔬菜	致癌、致畸
有机磷杀虫剂	甲拌磷、乙拌磷、久效磷、对硫磷、甲基对硫磷、甲胺磷、氧化乐果、治螟磷、杀扑磷、水胺硫磷、磷胺、内吸磷、甲基异硫磷	所有蔬菜	高毒、高残留
氨基甲酸酯杀虫剂	克百威（呋喃丹）、丁硫克百威、丙硫克百威、涕灭威	所有蔬菜	高毒
二甲基甲脒类杀虫、杀螨剂	杀虫脒	所有蔬菜	慢性毒性、致癌
拟除虫菊酯类杀虫剂	所有拟除虫菊酯类杀虫剂	水生蔬菜	对鱼、虾等高毒性
取代苯杀虫、杀菌剂	五氯硝基苯、五氯苯甲醇（稻瘟醇）、苯菌灵（苯莱特）	所有蔬菜	国外有致癌报道或二次药害
二苯醚类除草剂	除草醚、草枯醚	所有蔬菜	慢性毒性

6. 西葫芦生产中使用农药的原则是什么？

　　在西葫芦安全生产中，允许使用低毒、低残留化学农药防治真菌、细菌、病毒病及害虫。但应遵循以下几条原则：贯彻"预防为主，综合防治"的植保方针，采用各种有效的农业、物理、生物、生态等非化学防治手段，减少农药的使用次数和用量；优先选择生物农药或生化制剂农药如苏云金杆菌、白僵菌等；尽量选择高效、低毒、低残留农药；当病虫害将造成毁灭性损失时，才选用中等毒性和低残留农药；尽可能选用土农药等。

7. 西葫芦生产中准许使用防治真菌病害的药剂主要有哪些？

　　50％多菌灵可湿性粉剂 500 倍液，75％百菌清可湿性粉剂 600 倍液，70％代森锰锌可湿性粉剂 500 倍液，50％抑菌脲可湿性粉剂 1000 倍液，25％甲霜灵可湿性粉剂 600 倍液，20％三唑酮可湿性粉剂 1500 倍液，70％甲基硫菌灵可湿性粉剂 500 倍液，56％靠山（氧化亚铜）水分散微颗粒剂 800 倍液，77％氢氧化铜可湿性粉剂 1000 倍液，65％硫菌霉威可湿性粉剂 1000～1500 倍液，64％噁霜·锰锌可湿性粉剂 500 倍液，72％霜脲氰·锰锌可湿性粉剂 600～750 倍液。

8. 西葫芦生产中准许使用防治细菌病害的药剂主要有哪些？

　　77％氢氧化铜可湿性粉剂 1000 倍液，40％春雷氧氯铜可湿性粉剂 600～1000 倍液，50％琥胶肥酸铜（琥胶肥酸铜杀菌剂）500 倍液，农用链霉素 4000 倍液，新植霉素 4000～5000 倍液。

9. **西葫芦生产中准许使用防治病毒病害的药剂主要有哪些？**

20％盐酸吗啉胍铜 500 倍液，83 增抗剂 100 倍液，菇类蛋白多糖水剂 300 倍液，5％菌毒清 300 倍液加 1.5％植病灵 500 倍液，磷酸三钠 500 倍液。

10. **西葫芦生产中准许使用防治虫害的药剂主要有哪些？**

90％敌百虫晶体 1000～2000 倍液，50％辛硫磷乳油 1000 倍液，20％灭幼脲 1 号或 25％灭幼脲 3 号悬浮剂 500～1000 倍液，5％定虫隆乳油 4000 倍液，或 5％农梦特（伏虫隆）乳油 4000 倍液，80％敌敌畏乳油 1200～1500 倍液，21％灭杀毙（增效氰马乳油）3000～4000 倍液，2.5％溴氰菊酯乳油（溴氰菊酯）3000 倍液，40％毒死蜱 750～1050 倍液，25％喹硫磷（爱卡士）乳油 1000 倍液，10％联苯菊酯（联苯菊酯）乳油 1000 倍液，40％乐果乳油 2000 倍液，50％马拉硫磷乳油 1000 倍液，10％吡虫啉可湿性粉剂 2500 倍液，25％氟氯氰菊酯乳油（高效氟氯氰菊酯）2000 倍液，50％抗蚜威可湿性粉剂 2000 倍液。

11. **什么是农药安全间隔期？**

农药安全间隔期一般指最后一次施药与产品采收时间

的间隔天数。一般情况下，在葱蒜类蔬菜采收前 15 天左右不得施用任何农药。但不同农药的安全间隔期不同，同一种农药在不同的施药方式下，其安全间隔期也有所不同。因此，在使用时要严格遵守 NY/T 1276—2007《农药安全使用规范总则》和 GB/T 8321（所有文件）上的规定，坚决杜绝不符合安全间隔期要求的产品提前上市。例如，用 50％辛硫磷乳油 2000 倍液或 25％喹硫磷乳油 2500 倍液对西甜瓜进行浇灌时，安全间隔期不少于 17 天；用 40％乐果乳油 2000 倍液，或 90％敌百虫晶体 1000～2000 倍液喷雾时，安全间隔期一般为 7 天；用 80％代森锌可湿性粉剂 500 倍液喷雾时，安全间隔期为 10 天左右；用 77％氢氧化铜可湿性粉剂 1000 倍液或 56％靠山（氧化亚铜）水分散微颗粒剂 800 倍液喷雾时，安全间隔期一般为 3 天。

12. 西葫芦生产如何做好病虫害综合防治？

（1）农业防治 主要有以下内容：①轮作。以恶化病虫的营养条件。②深翻土壤或晒土冻垡。以恶化病虫的生存环境，如深翻后，可将地表的病虫深埋土中密闭致死，也可将土中的病虫翻至地面被强烈的太阳光晒死或冻死。③除草和清洁田园。以降低病虫基数。④合理施肥和排灌。经过沤制的腐熟肥料，病原菌和虫卵大幅减少。土壤过干或过湿都不利于西葫芦植株生长而有利于病虫害的发生。因此，要合理排灌。⑤调整茬口，进行避虫栽培。⑥选用抗病品种。

（2）生物防治 有以下几种方法：①生物农药，如生物农药苏云金杆菌、有益微生物增产菌等。每亩用苏云金杆菌生物杀虫剂 150～200 毫升喷洒，7 天喷 1 次，能有效地杀死种蝇的 1～2 龄期幼虫；每亩用抗生素抗霉菌素 120 毫升和 BO-10 500 毫升喷雾，用浏阳霉素或阿维菌素 2500～3000 倍液喷洒，可防治红蜘蛛、螨虫、斑潜叶蝇；用农用链霉素或新植霉素 4000～5000 倍液，可以防治西葫芦细菌性病害；用定虫隆可以防治鳞翅目的害虫等。②天敌治虫。利用丽蚜小蜂可防治白粉虱，利用七星瓢虫、草蛉可防治蚜虫、螨类。③植物治虫。利用洋葱、丝瓜叶、番茄叶的浸出液制成农药，可防治蚜虫、红蜘蛛，利用苦参、臭椿、大葱叶浸出液，可防治蚜虫。

（3）物理防治 有以下 3 种方法：①温汤浸种。可以杀灭种子中的虫卵、幼虫或病菌。②人工捕杀。根据蚜虫对黄色有强烈趋色性的特性，田间采用黄板涂机油的方法予以防治，效果良好；利用害虫的趋光性，可采用黑光灯诱杀；用银灰色薄膜避蚜和用防虫网栽培等。③高新技术防治。如利用脱毒技术可有效地减少病毒病的发生，从而提高产量。

13. 西葫芦生产中如何科学合理地使用农药，使农药污染降到最低限度？

农药使用技术是无公害西葫芦生产的关键，在西葫芦生产过程中应遵循"严格、准确、适量"的使药原则，提倡使用生物农药。

（1）严格用药 一是要严格控制农药品种。农药品种繁多，在西葫芦生产上选择农药品种时，优先使用生物农药和低毒、低残留的化学农药，严禁在西葫芦上使用禁用的高残留农药。二是严格执行农药安全间隔期。在农药安全间隔期内不允许收获上市。每种农药均有各自的安全间隔期，一般允许使用的生物农药为 3～5 天，菊酯类农药为 5～7 天，有机磷类农药为 7～10 天；杀菌剂中的百菌清、多菌灵等要求 14 天以上，其余大多为 7～10 天。

（2）准确用药　是指讲究防治策略，适期防治，对症下药。一是要根据病虫发生规律，准确选择施药时间，即找准最佳的防治适期；二是根据病虫田间分布状况和栽培方式，准确选择用药方式，能进行冲治的不搞喷雾，能局部防治的不全面用药。

（3）适量用药　必须从实际出发，确定有效的农药使用浓度和剂量。一般杀虫剂效果达到 85％ 以上，杀菌剂防病效果达到 70％ 以上的，即称为高效，切不可盲目追求防效百分之百而随意加大农药浓度和剂量。

第十章

西葫芦杂交制种技术

1. 西葫芦杂交一代制种如何进行整地施肥？

选择 3 年以上未种过西葫芦、肥力中等、灌溉方便、在周边 500 米以上不种植西葫芦、南瓜的地块，每亩施过磷酸钙 30～50 千克、碳酸氢铵 50 千克、腐熟有机肥 3000～5000 千克，深翻耕耙平畦垄铺膜。

采用高畦垄作，双行栽培，一般垄宽 80 厘米，沟宽 70 厘米，垄高 15 厘米，垄面覆盖地膜。

2. 西葫芦杂交一代制种如何进行亲本种子处理？

用 10％磷酸三钠溶液浸种 20～30 分钟或用 1％高锰酸钾溶液浸种 30 分钟，用清水冲洗干净，用干净持水充分的湿布或毛巾包裹，放入催芽器皿，在 25～28℃环境放置 24 小时，当种子充分吸水膨胀开始萌动时，取出待播。

3. 西葫芦杂交一代制种如何播种？

西葫芦制种父母本播种期的确定，根据当地历年气象资料，一般以在晚霜前 25 天左右播种母本为宜。晚霜温差变化幅度小于 2℃左右的地区可提前 10 天播种。父本播种可根据与母本花期相差时间确定，一般提前 5～6 天。

播种深度一般在 2 厘米左右，每穴放入 2～3 粒种子，上部覆盖潮湿细壤土，耧平、压实，以利种子出苗，防止带壳出土。

父本种植以方便取花粉为宜，并可适当密植，株行距 33～45 厘米，每亩制种田父本种植 200～150 穴即可。母本株行距 40～60 厘米，每亩种 2000 穴。

4. 西葫芦杂交一代制种播种后苗期如何管理？

① 温湿度适宜时，播后 4～7 天即可出苗。出苗后及时掏苗、覆土、补苗、补播。

② 苗期注意防治猝倒病、立枯病，加强中耕除草。

③ 父本前期出现的雌花和母本前 2 朵雌花要及早摘除。

5. 西葫芦杂交一代制种如何定苗？

西葫芦出苗后一般 40 天左右开花，晚霜过后长至 3

叶 1 心时，要及时定苗，留下符合父、母本株型、叶色、生长势等性状的健壮植株，不符合的要严格拔除。

定苗后 3～4 天，每亩用 15～20 千克尿素或氮磷钾复合肥 10 千克进行穴施，然后浇水，促进种苗生长。当母本植株在 5 叶 1 心、6 叶 1 心期时，大量雌花会分化出现，此时要适当控制肥水，防止营养生长过旺，父本植株要视雄花分化与母本花期相遇情况区别对待。

6. 西葫芦杂交一代制种如何杂交授粉？

(1) 授粉前期 应根据瓜形状、颜色及植株生长势再一次去杂，同时将母本上的雄花、前 2 朵雌花和父本上的雌花全部摘除，以确保母本从第 3 朵雌花开始的雌花及父本花粉的质量，并备好授粉用的纸袋等工具。

(2) 杂交授粉

① 从母本上的第 3 朵雌花开始，母本上前 2 朵雌花授粉留作种瓜结籽率极低，会严重影响杂交种产量。

② 套花。在每天傍晚对母本上第二天将要开放的雌花蕾用自制的圆锥形纸帽进行套花，同时在父本植株上套相应数量的雄花。

③ 摘取父本上当天开放并被套花的新鲜雄花，轻轻撕去外围花冠，使花药充分暴露，在母本当天开放并被套花的新鲜雌花柱头上轻柔涂抹均匀，用毛线或扎花丝严密缚扎花冠，然后在雌花的花柄上做好标记，即完成杂交授粉。

④ 杂交授粉应选择晴天上午 7～11 时露水干后进行。

⑤ 在每天傍晚集中摘除母本上即将开放的雄花，第二天清晨授粉前再复查一遍，保证母本上不能有开放的雄花出现，这是保证杂交种子纯度的关键技术。

7. 西葫芦杂交一代制种授粉环节中应注意哪些事项？

① 授粉过程中严格去杂、去劣，对因机械混杂造成的长势和性状与父本、母本有异的植株尽早拔除。同时及时摘除母本上的病瓜、烂瓜、畸形瓜，进行补授。

② 避免在阴雨天授粉，如遇雨天，应雨停后立即组织人力集中摘除在雨天开放的雌花，否则结籽率极低。

③ 正确选择雄花父本上的雄花，在确认其花药发育正常、花粉量充足时才可以用来授粉。摘取的雄花花药如果已经被露水等完全浸湿，或者雄花为隔天的不新鲜花，则不能用来授粉，以免影响种子产量。

④ 正确选择雌花授粉时，没被授粉已经谢花的"遗漏雌花"要随即摘除，只能选取当天开放的新鲜雌花进行授粉。

⑤ 预防昆虫串粉。如果气温高，蜜蜂等"串粉"昆虫在清晨大量出现时，要在授粉前确认被选用的父、母本上已套雄、雄花未被其沾染，否则要果断弃除不用，以免杂交种纯度不能达标。

⑥ 适时停止授粉。母本每植株坐瓜 3～4 个后，即停止授粉。

8. 西葫芦杂交一代制种如何进行田间管理?

① 授粉结束后,掐去母本的生长点,控制植株长势,促进种瓜发育。

② 在生产过程中,要及时对父、母本植株叶腋萌发的侧枝实施摘除或留 2 叶短截,使植株始终保持单蔓生长。

③ 种瓜的发育需大肥、大水,有条件时 10～15 天灌水 1 次,结合灌水追施氮磷钾速效肥 2～3 次,每亩每次 20 千克。

④ 及时防治病毒病、白粉病、细菌性病害等叶面病害和蚜虫、红蜘蛛等虫害。

⑤ 结合喷药,叶面喷施磷酸二氢钾 2～3 次,浓度为 0.2%～0.3%。

⑥ 授粉坐果后约 40 天种瓜趋于成熟,这时适当控水、排涝,以防烂瓜。

⑦ 西葫芦主要有病毒病、蔓枯病、白粉病、灰霉病、蚜虫等病虫害。防治蚜虫、病毒病,授粉前一周和授粉结束后,可用 50% 抗蚜威配合 20% 病毒 A 可湿性粉剂 500 倍液喷施;防治蔓枯病,在种苗定植后,用 75% 百菌清 600 倍液或 60% DTM 400 倍液灌根 1～2 次;防治白粉病、灰霉病,可用 30% 特富灵可湿性粉剂 2000～3000 倍液和 65% 甲霉灵可湿性粉剂 600 倍液喷施 1～2 次。

9. 西葫芦杂交一代种瓜如何采收和采种？

① 授粉坐果后约 50 天种瓜开始分批采收。

② 采收时仍要去杂、去劣。

③ 采收的种瓜放置于阴凉、干燥、通风处后熟 10 天后即可掏籽。

④ 掏出的种子放在塑料容器中发酵 12～24 小时后，及时用大水漂洗干净，平摊于席子或帆布上，在阴凉处风干。

⑤ 严禁暴晒，严禁在塑料膜或水泥地上晾晒，以免影响发芽率。

⑥ 在掏籽和洗涤过程中，严禁接触铁器，以防种皮变色，影响种子外观质量。

⑦ 干燥后的种子要保存于干燥阴凉处，避免雨淋和回潮。

10. 西葫芦杂交一代种子质量有什么要求？

种子要求外观正常，无霉变变色；发芽率 90％以上，杂交纯度 95％以上，净度 98％以上，含水量 7％以下。

11. 西葫芦固定品种原种制种如何育苗？

西葫芦育苗多在阳畦或温室内进行，要求采用纸袋或营养钵育苗。

(1) 播种播前 进行浸种催芽，在 25～30℃ 的条件下 1～2 天即可出芽播种，河北省中南部地区多在 3 月上中旬播种。如果定植后采用塑料小拱棚覆盖，播种期还可提前 10～15 天。

(2) 苗期管理 西葫芦幼苗容易徒长，通过放风控制好温度、湿度是培育壮苗的关键。幼苗出土后，白天要控制在 20～25℃，夜间 10℃ 左右，最低不低于 6℃，较低的夜温有利于雌花形成。定植前要进行幼苗锻炼，提高其抗逆能力。

12. 西葫芦固定品种原种制种如何定植？

制种田应选择土质疏松肥沃的壤土，并要求排灌良好的地块。结合整地施足基肥。另外，要与其他同类品种有 1000 米以上的隔离区。

河北省中南部地区多在 4 月中下旬露地定植，小拱棚覆盖可提前到 3 月中下旬定植。株行距 (50～60) 厘米 × (60～80) 厘米，每亩定植 1500～2000 株。

13. 西葫芦固定品种原种制种田间如何管理？

前期以中耕蹲苗、提高地温、促进根系发育为主，以后在开花结果期应加强肥水管理。

(1) 中耕蹲苗 定植后要求中耕 2～3 次，一般情况下少浇水，进行蹲苗，以提高地温，促进根系的发育。

(2) 浇水施肥 西葫芦生长前期易徒长，如果浇水施肥过多，茎叶生长过旺，会影响开花坐果和果实生长。开花坐果后应加强水肥管理，结合浇水追肥 2～3 次，每次每亩施尿素 7～10 千克。

（3）人工授粉 在入选种株上选好雌花和雄花，于前一天将次日要开放的大蕾用线扎上或用钢丝夹夹上，次日清晨采集花粉，给选好的雌花授粉。授粉后仍将雌花夹上，以防自然杂交。每株连续授粉 2～3 朵雌花。

（4）摘除劣瓜和多余的雌花 在授粉完毕之后，应将植株上其他雌花摘除。待经过授粉的幼瓜生长发育后，从瓜的形状、颜色等挑选符合本品种性状的幼瓜，每株选留 1～2 个，以使种瓜充分发育。在幼瓜生长过程中，应不断检查，淘汰不符合本品种性状的幼瓜，以提高种瓜质量。另外，还应及早摘除侧枝，防止营养消耗。

（5）选种 西葫芦的选种要求进行 3 次。一是在定植时，依据品种特性，选择生长健壮、雌花节位低而多的植株为种株；二是去掉第一雌花，留第 2～4 朵雌花授粉留种，待种瓜坐住后，选择 1～2 个优良种瓜留种，其余摘除；三是种瓜成熟时，再根据种瓜的性状和种株的病害情况，最后留下优良种株的种瓜采收种子。

14. 西葫芦固定品种原种制种如何采种？

西葫芦开花后 45 天左右，种子基本成熟，此时种瓜已变色，即可采收。采摘后，种瓜要放在通风干燥处后熟 15 天左右，再剖瓜取种。经后熟处理的种瓜，种子充实，发芽率高，发芽势强。但个别品种的种子容易在瓜内发芽，因此，后熟时间不宜过长，以免发芽造成损失。

取籽时，将种瓜用刀切开，取出瓜瓤，然后挤出种子洗净、晒干、收藏。

附 录

附录 1　NY/T 1654—2008 蔬菜安全生产关键控制技术规程

本标准规定了蔬菜产地环境选择、育苗、田间管理、采收、包装、标识、运输和贮存、质量管理等蔬菜安全生产关键控制技术，适应于我国露地蔬菜生产的关键技术控制。

1　范围

本标准规定了蔬菜产地环境选择、育苗、田间管理、采收、包装、标识、运输和贮存、质量管理等蔬菜安全生产关键控制技术。

本标准适应于我国露地蔬菜生产的关键技术控制。

2　规范性引用文件

下列文件中的条款通过本标准的引用而成为本部分的条款。凡是注日期的引用文件，其随后所有的修改单（不包括勘误的内容）或修订版均不适用于本标准，然而，鼓励根据本标准达成协议的各方研究是否可使用这些文件的最新版本。凡是不注日期的引用文件，其最新版本适用于本标准。

GB 5749　生活饮用水卫生标准

GB 8079　蔬菜种子

GB 9687　食品包装用聚乙烯成型品卫生标准

GB 9693　食品包装用聚丙烯树脂卫生标准

　　GB 11680　食品包装用原纸卫生标准

　　NY 227　微生物肥料

　　NY 5010　无公害食品　蔬菜产地环境条件

3　产地环境选择

　　3.1　种植前应对产地环境进行检测，产地环境质量应符合 NY 5010 要求。

　　3.2　生产区域内、水源上游及上风向，应没有对产地环境构成威胁的污染源。

　　3.3　生产基地应具备蔬菜生产所必需的条件，交通便利，排灌水方便，地势平整、疏松，土壤肥力均匀，土壤质地良好。

4　育苗

　　4.1　播种前的准备

　　4.1.1　育苗设施：根据季节、气候条件的不同选用日光温室、塑料大棚、连栋温室、阳畦、温床等育苗设施，夏秋季育苗应配有防虫、遮阳设施，有条件的可采用穴盘育苗和工厂化育苗，并对育苗设施进行消毒处理。

　　4.1.2　营养土：因地制宜地选用无病虫源的田土、腐熟农家肥、草炭、砻糠灰、复合肥等，按一定比例配制营养土。

　　4.2　品种选择

　　4.2.1　根据当地自然条件、农艺性能、市场需求和优势区域规划选择蔬菜品种。

　　4.2.2　选用抗病、抗逆性强、优质丰产、适应性广、商品性好的蔬菜品种。

4.3 种子处理

选用于热处理、温汤浸种、热水烫种、药剂消毒和药剂拌种等适宜的种子处理措施降低生长期病虫害发生和后期农药使用量，并保存种子处理记录。

4.4 播种期

根据栽培季节、气候条件、育苗手段和壮苗指标选择适宜的播种期。

5 田间管理

5.1 灌溉

5.1.1 实行灌排分离。

5.1.2 定期监测水质。至少每年进行一次灌溉水监测，并保存相关检测记录。对检测不合格的灌溉水，应采取有效的治理措施使其符合要求或改用其他符合要求的水源。

5.2 施肥

5.2.1 农家肥经充分腐熟达到有机肥卫生标准后可以在蔬菜生产中使用，禁止施用未经发酵腐熟、未达到无害化指标、重金属超标的人畜粪尿等有机肥料、城市生活垃圾、工业垃圾及医院垃圾。应根据蔬菜生长发育需要合理地施用化学肥料。

5.2.2 根据蔬菜生长情况与需求，使用速效肥料为主作为营养补充。可根据实际采用根区撒施、沟施、穴施、淋水肥及叶面喷施等多种方式。

5.2.3 根据土壤条件、作物营养需求和季节气候变化等因素分析，科学配比，营养平衡用肥。

5.3 病虫害防治

5.3.1 物理防治

根据病虫害的特点，合理选用物理防治方法，常见的方法有：

a) 使用频振式杀虫灯；

b) 利用防虫网设置屏障阻断害虫侵袭；

c) 采用银灰膜驱避；

d) 性诱剂。

5.3.2 生物防治

保护天敌，创造有利于天敌生存的环境条件，选择对天敌杀伤力轻的农药；使用农用抗生素、植物源农药等。

5.3.3 农业防治

农业防治可采用：

a) 覆盖地膜；

b) 轮作，不同科的作物轮作，水旱田轮作；

c) 深耕晒垡，使表土和深层土壤作适度混合；

d) 土壤冻垡，越冬前浇足冬水，使土壤冻结，杀死病菌；

e) 清除田园四周杂草，田间病叶、病株及时清除，集中处理。

5.3.4 化学防治

5.3.4.1 农药选择

应按照《中华人民共和国农药管理条例》的规定，采用最小有效剂量并选用高效、低毒、低残留农药，不应违反规定超剂量使用农药，不应使用未经登记的农药，不应使用国家明令禁止的高毒、剧毒、高残留的农药及其混配农药品种。

5.3.4.2 农药使用

允许使用的农药质量应符合相关国家或行业标准。不应使用假冒伪劣农药，不应使用重金属超标农药，允许使用的农药中不应混有禁用农药。

5.3.4.3 农药检测

5.3.4.4 对采购回的农药样品实施检测，防止使用质量不合格的农药。

6 采收

6.1 采收前质量检验

根据生产过程中农业投入品（肥料、农药）使用记录，评估和判断农药的使用是否达到了规定的安全间隔期；进行必要的采收前田间抽样检测。

6.2 蔬菜采收

6.2.1 采收机械、工具和设备应保持清洁、无污染，存放在无虫鼠害和畜禽的干燥场所。

6.2.2 保证场地环境卫生。每批次蔬菜产品加工包装完毕后，应进行打扫和清洗，确保场地、设备、装菜容器清洗干净。并定期使用消毒液进行卫生杀菌消毒。加工场所相对独立，不应与农药、肥料、杂物储存点以及厨房等地方混在一起。

6.2.3 清洗用水应满足相关标准要求。清洁农产品的用水，水质应达到生活饮用水卫生标准 GB 5749 的要求。对循环使用的清洗用水进行过滤和消毒，并监控和记录其水质状况。

7 包装、标识、运输和贮存

7.1 包装

7.1.1 包装容器应整洁、干燥、牢固、透气、无污染、无异味、内壁无尖突物。包装材料要使用国家允许的易降解的材料，符合国家有关食品包装材料 GB 11680、GB 9693、GB 9687 等卫生标准的要求。

7.1.2 包装前应检查并清除劣质品及异物。

7.1.3 包装应按标准操作，并有批包装记录，在每件包装上，应注明品名、规格、产地、批号、净含量、包装工号、包装日期、生产单位等，并附有质量合格的标志。蔬菜质量符合国家有关蔬菜产品认证标准的，生产者可以申请使用相应的农产品认证标志。

7.2 运输

7.2.1 运输工具清洁卫生、无污染。运输时，严防日晒、雨淋，注意通风。

7.2.2 运输时应保持包装的完整性；禁止与其他有毒、有害物质混装。

7.2.3 高温季节长距离运输宜在产地预冷，并用冷藏车运输；低温季节长距离运输，宜用保温车，严防受冻。

7.3 贮存

7.3.1 临时贮存时，应在阴凉、通风、清洁、卫生的条件下，严防烈日暴晒、雨淋、冻害及有毒物质和病虫害的危害。存放时应堆码整齐，防止挤压等造成的损伤。

7.3.2 中长期贮存时，应按品种、规格分别堆码，要保证有足够的散热间距，保持适宜的温度和湿度。在应用传统贮藏方法的同时，应注意选用现代贮藏保管新技术、新设备。

8 质量管理

8.1 建立质量管理体系

应建立质量管理体系，并设立质量管理部门，负责蔬菜生产全过程的监督管理和质量监控，并应配备与蔬菜生产规模、品种检验要求相适应的人员、场所、仪器和设备。

8.2 人员培训

制定培训计划，并监督实施，应对生产者进行基本的质量安全和生产技术知识的培训。

8.3 田间档案记录

记录内容应包括：农业投入品种、肥料、农药等基本信息和使用情况，以及蔬菜生产过程中的栽培管理措施。

附录2　DB14/T 1237—2016 绿色食品西葫芦生产技术规程

本标准适用于大棚栽培条件下，每亩产量在 8000kg 以上的越冬西葫芦栽培管理技术、病虫害防治技术。

1 产地环境

应远离污染源，选择前茬未种过瓜类，有机质丰富、土壤疏松、排水条件较好的壤土地块。

2 育苗

2.1 品种选择

要选择抗病、高产、抗逆性强、商品性好、早熟、耐低温、耐弱光，适合市场需求的品种。如纤手、碧玉、冬玉等。

2.2 种子处理

先用 30% 的盐水浸泡种子，除去浮在水面上不饱满的种子，此后用清水反复搓洗，除去表面上的黏液，以利发芽整齐一致。再用 50% 多菌灵可湿性粉剂 500 倍液浸种 30min，用清水冲洗，晾干后用湿纱布包好，置于 28～30℃下催芽，经 1～2 天后即可出芽。

2.3 苗床准备

先取肥沃园土 6 份，然后掺入优质有机肥 4 份，再按每立方米床土加 0.2kg 50% 多菌灵，3kg 磷酸二铵，充分混均匀后，将营养土装入营养钵，排在苗床上。

2.4 播种

越冬茬西葫芦播种期为 9 月底或 10 月上旬。每亩用种 300g 左右，播后覆盖 2cm 营养土，再盖上地膜，搭上拱棚升温。

2.5 苗床管理

出苗前，保持白天气温 28～30℃，夜间 18～20℃。经 3～5 天出苗后，须立即去掉地膜降温，保持白天气温 20～25℃，夜间 10～15℃，出苗前一般不浇水。栽苗前一周，需降温炼苗，以提高其抗性。

3 定植

3.1 整地施肥

先将棚内前茬作物的根、茎、叶全部清除干净，提前 2～3 个月翻地晒垡，杀死土壤中的病菌。每亩施入腐熟的有机肥 5000～6000kg，磷酸二铵 100kg，硫酸钾 50kg，百菌清和多菌灵各 0.5kg，硫酸锌 1kg，翻入土中混匀，按行距 60cm 宽起垄。

3.2　定植时间及方法

一般于 11 月上旬秧苗三叶一心或四叶一心时定植。在畦内按株距 50cm 刨好坑，将苗放入坑内，然后浇水封埯，盖上地膜，在苗伸展的地膜处，剪个 10cm 十字口将苗掏出。每亩栽 2200 株左右。

4　田间管理

4.1　温湿度管理

日光温室和大棚西葫芦要求叶面不结露时间不超过 2 小时，可减轻多种病害的发生。上午日出后使棚室温度控制在 25～30℃，最高不超过 33℃，湿度在 75% 左右；下午使棚温降至 20～25℃，湿度在 70% 左右；傍晚闭棚，夜间至清晨最低温度可降至 11～12℃。如气温达 13℃ 以上可整夜通风，以降低棚内湿度。2 月中旬以后，西葫芦处于采瓜中后期，随温度的升高和光照的增强，应注意做好通风降温工作，灵活掌握通风口的大小和通风时间的长短。进入 4 月中旬以后，要利用天窗、后窗进行大通风，使棚温不高于 30℃。

4.2　水、肥管理

植株开花结果前，应少浇水或不浇水，以利坐果。待根瓜坐住果后，再开始浇水，但应减少浇水次数。浇时选晴天上午进行膜下浇水，并随水每亩冲施尿素 15kg。进入盛果期后平均每半月浇一次水，追一次肥，每次每亩追施农家肥 300～500kg。

4.3　CO_2施肥

可用安装 CO_2 施肥器或埋施 CO_2 颗粒肥的方法补充 CO_2 气肥，使棚内 CO_2 浓度达到 $1000\sim1500ml/L$。

4.4　植株调整

西葫芦以主蔓结瓜为主，一般在长出 $7\sim8$ 片叶时吊蔓。管理中应尽早抹杈，降低养分消耗。后期应保留 $1\sim2$ 个侧蔓，待侧蔓开花结果后，再及时剪去主蔓，以增加通风透光，有利于多坐瓜。

4.5　保花保果

一般采用人工授粉，即在花朵开放的当天上午 8 时左右，摘下雄花，去掉花瓣，将花粉轻轻抹在雌花柱头上，一般一朵雄花可抹 $2\sim3$ 朵雌花，可显著提高坐果率。

4.6　延长结果期

植株未开花前，应适当缩短日照时间，每天见光保持在 $6\sim8$ 小时即可，以利于雌花的分化和及早形成，并能保证产量和质量。开始结果后，加大肥、水管理，既能早结瓜，又能防早衰，还可延长结瓜期。

4.7　采收

采收所用工具要保持清洁、卫生、无污染，要及时采收，确保产品品质。

5　病虫害防治

5.1　防治原则

"以防为主，综合防治"，优先采用农业防治、物理防治、生物防治，配合科学合理地使用化学防治，达到安全、优质西葫芦生产的目的。

5.2 农业防治

5.2.1 清理田园，及时去除大棚内残枝败叶，带出棚外烧毁或深埋，注意铲除周围田边杂草，以减少病菌和害虫等侵染源。

5.2.2 采用高畦栽培并覆盖地膜，冬季采用微滴灌或膜下暗灌技术，棚膜采用消雾型无滴膜，加强棚室内温湿度调控，适时通风，适当控制浇水。浇水后要及时排湿，以控制病害发生。

5.2.3 及时吊蔓，发现病叶、病瓜和老、黄叶应及时摘除，携出棚外深埋。

5.3 蚜虫、白粉虱、斑潜蝇防治

5.3.1 可释放丽蚜小蜂控制白粉虱。

5.3.2 覆盖银灰色地膜驱避蚜虫。

5.3.3 设置黄板诱杀蚜虫、白粉虱、斑潜蝇：用 100cm×20cm 的黄板按 30～40 块/亩的密度，挂在株行间，高出植株顶部，诱杀蚜虫、白粉虱、斑潜蝇等，一般 7～10 天重涂一次机油。

5.3.4 药剂防治

灰霉病：可用 75％百菌清可湿性粉剂 500 倍液喷雾防治。

蚜虫、白粉虱：可用 50％抗蚜威可湿性粉剂 1000 倍液喷雾。

螨类、美洲斑潜蝇：可用 10％氯氰菊酯乳油 2000 倍液喷雾防治。

6 贮存

6.1 贮存时应按品种、规格分别贮存。

6.2 库内堆码应保证气流均匀流通。

6.3 贮存西葫芦的温度应保持在 6～10℃，空气相对湿度保持在 85%～90%。

参考文献

[1] 马德伟，刘海河，张彦萍．西葫芦保护地栽培技术［M］．北京：金盾出版社，1997.

[2] 朱建华，王殿昌，陈长景．山东蔬菜栽培［M］．北京：中国农业科学技术出版社，2007.

[3] 程永安．图说棚室西葫芦和南瓜高效栽培关键技术［M］．北京：金盾出版社，2009.

[4] 王长林，眭晓蕾，王迎杰．西葫芦南瓜栽培技术问答［M］．北京：中国农业大学出版社，2008.

[5] 武峻新．提高西葫芦商品性栽培技术问答［M］．北京：金盾出版社，2009.

[6] 刘海河，张彦萍．西葫芦安全优质高效栽培技术［M］．北京：化学工业出版社，2012.

[7] 焦定量．西葫芦栽培技术与病虫害防治［M］．天津：天津科技翻译出版公司，2010.

[8] 范立国，胡永军，张璇．大棚西葫芦高效栽培技术［M］．济南：山东科学技术出版社，2009.

[9] 胡永军，石磊，夏文英．寿光菜农日光温室西葫芦高效栽培［M］．北京：金盾出版社，2011.

[10] 武俊新．西葫芦实用栽培技术［M］．北京：中国科学技术出版社，2017.

[11] 王久兴，冯志红．图说西葫芦栽培关键技术［M］．北京：中国农业出版社，2010.

[12] 葛晓光．蔬菜育苗大全［M］．北京：中国农业出版社，1995.

[13] 葛晓光．新编蔬菜育苗大全［M］．北京：中国农业出版社，2004.